L'ARITHMÉTIQUE

DU

BREVET ÉLÉMENTAIRE DE CAPACITÉ

POUR L'ENSEIGNEMENT PRIMAIRE

A L'USAGE DES CANDIDATS AU DIT BREVET

OUVRAGE SUIVI

DE SUJETS DE THÉORIES, D'EXERCICES DE CALCUL ET DE PROBLÈMES
RECUEILLIS AUX EXAMENS

PAR

ALBERT BRÉMANT

Membre des Commissions d'examen pour les brevets de capacité
Officier d'Académie.

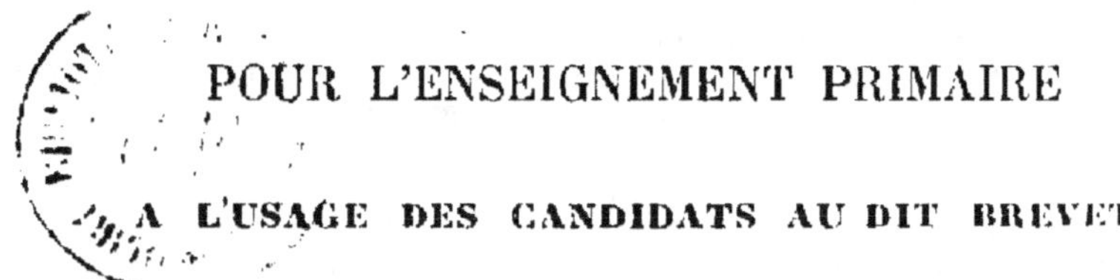

PARIS

LIBRAIRIE D'ÉDUCATION A. HATIER

33, QUAI DES GRANDS-AUGUSTINS, 33

1886

PRÉFACE

L'arithmétique que nous vous présentons a été faite dans le but de répondre d'une façon aussi précise que possible aux exigences de l'examen pour le Brevet élémentaire de capacité.

Nous nous sommes efforcé de rester dans les limites raisonnables de l'examen qu'il ne serait pas sage d'étendre de nouveau ; nous n'avons indiqué que les théories qu'on est en droit d'exiger des candidats, nous avons laissé pour plus tard le soin d'aborder les autres. Il nous a paru préférable d'agir ainsi et de ne pas faire un traité d'arithmétique absolument complet dans lequel nous aurions conseillé de négliger telles et telles parties dans certains cas, telles autres dans d'autres cas, faisant de la sorte circuler devant les yeux des élèves une suite de propositions sans connexité et sans lien.

Mais les théories que nous avons conservées, nous les avons démontrées avec la plus grande rigueur ; nous avons voulu que l'élève de seize ans trouvât dans les démonstrations toute la méthode qu'il rencontrera partout dans l'étude des sciences exactes.

En outre nous avons été brefs. A voir la quantité considérable de volumineux traités d'arithmétique, nous avons été confirmé dans notre idée première qu'il est plus facile d'être prolixe que d'être concis. Nous avons voulu réagir contre cette tendance ; par suite notre livre est *petit*. C'est une qualité qu'on ne saurait lui reprocher s'il contient tout ce qu'il est suffisant de bien connaître avant de se présenter à l'examen ; s'il le contient sous la forme qu'il faut observer, avec l'étendue qu'il ne faut pas dépasser. Enfin il ne renferme pas les « délayages » qu'il importe absolument de proscrire de toute réponse écrite ou orale.

Vous apprendrez donc ce livre tel qu'il est, sans rien omettre, en considérant l'égale importance de chacune de ses parties.

Ainsi, la délimitation donnée à l'étude, la rigueur et la concision dans les démonstrations, une façon nouvelle de présenter certaines théories, telles sont les principales qualités qui suffiraient à justifier l'utilité de cet ouvrage.

A la suite de la partie théorique se trouvent environ 200 exercices de calcul et problèmes types empruntés, pour la plus grande partie, aux compositions données à l'examen du Brevet élémentaire.

Enfin, les candidats qui seront prêts plus tôt que les autres trouveront, dans la partie supplémentaire, quelques théories que l'enseignement primaire n'ose habituellement pas aborder (et je ne lui en fais pas un reproche, il ne faut pas tout savoir à seize ans), mais dont la connaissance assurerait au candidat qui aurait occasion de les développer, une note plus brillante.

ARITHMÉTIQUE

DU

BREVET ÉLÉMENTAIRE DE CAPACITÉ

POUR L'ENSEIGNEMENT PRIMAIRE

CHAPITRE PREMIER

NOMBRES ENTIERS

NOTIONS PRÉLIMINAIRES

1. L'**Arithmétique** est la science des *nombres*. C'est elle qui nous apprend à les former, à les nommer, à les écrire, à les combiner, à connaître leurs propriétés.

2. Un **Nombre** est la réunion de plusieurs *unités*.

3. On appelle **Unité**, le terme de comparaison qui a servi à évaluer un nombre. — Ainsi lorsqu'on dit qu'un ruban a vingt-cinq mètres, cela signifie que le ruban contient vingt-cinq fois la longueur qui a été prise comme unité : le mètre.

4. Le nombre est *entier* s'il n'est composé que d'unités : trente-deux mètres.

5. On appelle **Fraction d'unité** ou **Fraction ordinaire**, une ou plusieurs parties d'unité divisée en un certain nombre de parties égales.

6. Si, au lieu de diviser l'unité en un nombre quelconque de parties égales, on la divise en dix, cent, mille, dix mille parties égales, chacune de ces parties, ou plusieurs de ces parties réunies prennent le nom de **Fraction décimale**.

7. Un nombre est *fractionnaire* lorsqu'il est composé d'un nombre entier suivi d'une fraction.

8. Le nombre est **décimal** si la fraction qui suit l'entier est décimale.

9. Lorsque la nature des unités qui forment un nombre est exprimée, le nombre est *concret* : dix hommes, vingt chevaux.

Dans le cas contraire, le nombre est *abstrait* : dix, vingt.

NUMÉRATION

10. La numération est la partie de l'arithmétique qui enseigne à former, à nommer, à écrire et à lire les nombres.

11. Formation des nombres. — Pour former les nombres, il suffit d'ajouter une unité à l'unité elle-même pour avoir un nombre nouveau, et de continuer à ajouter une unité à chaque nouveau nombre formé. Comme on peut indéfiniment continuer ainsi, on voit que la suite des nombres est illimitée.

La connaissance des noms donnés à chacun des nombres ainsi formés constitue la *numération parlée*.

12. Numération parlée. — Par cela même que la suite des nombres est illimitée, on n'a pas pu songer à donner à chacun d'eux un nom nouveau; on ne l'a fait que pour quelques-uns.

Les noms donnés aux dix premiers nombres sont :

Un, deux, trois, quatre, cinq, six, sept, huit, neuf, dix.

La réunion de ces dix premiers nombres a formé une nouvelle espèce d'unité qu'on a appelée la *dizaine.*

Si l'on ajoute cette nouvelle unité successivement à elle-même, comme on l'a fait pour l'unité simple, on trouvera *deux dizaines, trois dizaines,* etc.

Qu'on appellera :

Vingt, trente, quarante, cinquante, soixante, soixante-dix, quatre-vingts, quatre-vingt-dix, **Cent.**

On comptera ensuite pas centaines comme on avait compté par dizaines et par unités.

Et l'on dira :

Deux cents, trois cents . . . . . neuf cents. **Mille.**
Puis ainsi de suite de *mille* en *mille :*
Deux mille..... cinq mille..... soixante mille, cent mille, **Million.**

On continuera :

Dix millions..... cent millions..... **Billion** ou **Milliard**.

Le tableau qui suit nous montrera la constitution des nombres en **Classes** et en **Ordres**; chaque classe de nombres comprenant **3** ordres :

Classe des millions.			Classe des mille.			Classe des unités simples.		
Centaines (9° ordre).	Dizaines (8° ordre).	Unités (7° ordre).	Centaines (6° ordre).	Dizaines (5° ordre).	Unités (4° ordre).	Centaines (3° ordre).	Dizaines (2° ordre).	Unités (1er ordre).

13. On voit alors que tout nombre peut se composer :

D'unités, de dizaines, de centaines d'unités simples.
D'unités   —   —   de mille.
D'unités   —   —   de millions, etc.

14. On voit en outre que chacune de ces unités successives vaut *dix* fois celle qui la précède.

Ainsi, il faut *dix dizaines d'unités simples* pour faire une *centaine d'unités simples ;* il faut *dix unités de millions* pour faire *une dizaine de millions.*

Nous savons maintenant comment on exprime tous les nombres jusqu'à dix, puis ceux de dix en dix, puis ceux de cent en cent, etc.

15. Pour nommer ceux qui sont compris entre *vingt* et *trente* par exemple, nous répéterons, à la suite de *vingt* les *neuf premiers* nombres et dirons :
Vingt-un, vingt-deux... vingt-neuf.
Entre *cent* et *deux cents*, nous répéterons *cent* suivi des quatre-vingt-dix-neuf premiers nombres :
Cent un..... cent vingt..... cent quatre-vingt-dix-neuf.
Et ainsi de suite.

EXCEPTION. — Au lieu de dix-un, dix-deux, dix-trois, dix-quatre, dix-cinq, dix-six.
On dit :

Onze, douze, treize, quatorze, quinze, seize.

16. 1° REMARQUE. — On voit que pour nommer tous les nombres employés jusqu'à un milliard il faut se servir de *vingt-quatre mots nouveaux.*

2° Chaque fois qu'un nombre s'énonce en réunissant deux noms de nombres (*quatre-vingts, trois cents*, etc.), si le nom du plus petit nombre précède le nom du plus grand, cela signifie que le plus petit nombre multiplie le plus grand.

Ainsi dans *quatre cents* formé des deux nombres *quatre et cent*, le plus petit nombre *quatre* précède le plus grand *cent*; il indique *cent* répété *quatre* fois.

Mais si le plus petit nombre suit le plus grand, cela signifie seulement qu'il s'ajoute au plus grand.

Ainsi dans *cent quatre*.

Le plus petit **nombre** *quatre* suit le plus grand *cent*; il indique *cent* plus *quatre*.

17. Numération écrite. — Le but de la *numeration écrite* est d'apprendre à représenter tous les **nombres** à l'aide de signes appelés *chiffres*.

Les neuf premiers nombres sont représentés par les chiffres suivants :

$$1 \ , \ 2 \ , \ 3 \ , \ 4 \ , \ 5 \ , \ 6 \ , \ 7 \ , \ 8 \ , \ 9.$$

Qui signifient :

Un, deux, trois, quatre, cinq, six, sept, huit, neuf.

Il existe un autre chiffre : 0, *zéro*, dont nous verrons, plus loin l'utilité.

La représentation écrite des nombres est fondée sur ces principes :

18. 1° Tout chiffre placé à la droite d'un autre représente un ordre d'unités dix fois moindres que cet autre.

19. 2° On remplace par un ou plusieurs 0, un ou plusieurs ordres manquant dans un nombre.

D'après la 1re convention on devra toujours trouver le premier à droite du nombre, le chiffre qui représente les unités du nombre à écrire, immédiatement à sa gauche, c'est-à-dire au 2e rang celui qui représente les dizaines; au 3e rang, celui qui représente les centaines, etc.

Ainsi veut-on écrire le nombre :

Trois mille cinq cent vingt-huit unités

On écrira 3, chiffre des unités de mille.

A sa droite 5, chiffre des centaines d'unités.

A sa droite 2, chiffre des dizaines d'unités.

A sa droite 8, chiffre des unités.

	CLASSE DES MILLES.			CLASSE DES UNITÉS.		
	Cent.	Diz.	Unités.	Cent.	Diz.	Unités.
			3	5	2	8
			6	0	0	4

Et l'on aura ainsi 3528 qui représentera le nombre proposé.

Veut-on écrire le nombre :

Six mille quatre unités

On écrira 6, chiffre des unités de mille.

Puis à sa droite 0, qui indique que le nombre ne contient pas de centaines d'unités.

Puis à sa droite 0, qui indique que le nombre ne contient pas de dizaines d'unités.

Puis à sa droite 4, chiffre des unités.

Et l'on aura 6004 qui est le nombre proposé (voir le tableau ci-dessus).

20. Lire un nombre écrit. — Si ce nombre a 3 chiffres, on énonce le chiffre des centaines du nombre qu'on fait suivre du mot *cent*, puis le nombre des dizaines et des unités, tous deux convertis en unités. Ainsi soit à énoncer

432.

On dit : *4 cent, trente-deux unités* (car 3 dizaines valent 30 unités.

Si le nombre a plus de 3 chiffres, on le divise, en commençant par la droite, en tranches de 3 chiffres (ou en classes).

On énonce ensuite chaque tranche en faisant suivre ce nombre du nom de la classe que représentent ses unités.

CLASSE DES MILLIONS.		CLASSE DES MILLE.			CLASSE DES UNITÉS.		
Unités.	Cent.	Diz.	Unités.	Cent.	Diz.	Unités.
7	3	2	4	8	3	2

Ainsi : 7324832
Se divisera en :

Et s'énoncera : *7 millions,* 324 *mille,* 832 *unités.*

21. De ce qui précède il résulte que tout chiffre peut avoir deux valeurs : **une valeur absolue, une valeur relative.**

La valeur *absolue* d'un chiffre est celle qu'il a par lui-même et quand on le considère comme *étant isolé* ; elle dépend de la forme du chiffre.

Sa valeur *relative* est celle que lui donne sa position dans un nombre. Sa valeur est *donc relative à la place qu'occupe le chiffre dans le nombre.*

Ainsi dans le nombre 75446 les deux chiffres 4 ont la même valeur absolue.

Mais comme valeur relative, le 4 qui suit immédiatement le 6 vaut 4 dizaines ou 40 unités.

Et l'autre vaut 4 centaines ou 400 unités.

22. Alors un nombre est la somme des valeurs relatives de ses différents chiffres.

23. Remarques sur la numération. — Notre numération est appelée **décimale** parce que dans la formation des nombres on a adopté ce principe que :

1.

dix unités d'un ordre formeraient une unité de l'ordre immédiatement supérieur. Les nombres sont alors formés d'unités de 10 en 10 fois plus grandes. Le système de formation a pris 10 pour base, il est décimal.

La plus parfaite des deux numérations est la numération écrite, puisqu'avec 10 signes seulement elle nous apprend à représenter tous les nombres possibles, alors qu'il faut plus de vingt-cinq mots pour les exprimer.

Numération des nombres décimaux

24. Tout ce qui vient d'être dit relativement aux nombres entiers est exact aussi pour les nombres décimaux.

Pour écrire un nombre décimal on commence par écrire la partie entière, à laquelle on a donné le nom d'unités ou d'entiers, puis la fraction décimale qui a reçu le nom de son dernier chiffre à droite; en sachant que

le 1er chiffre à droite de l'unité représente des dixièmes,

le 2e — — — — centièmes,

le 3e — — — — millièmes,

le 4e, le 5e, etc., des dix-millièmes, des cent-millièmes, etc.

On sépare par une virgule (,) la partie entière de la fraction décimale.

Comme pour l'écriture des nombres entiers, on remplace par des 0 les ordres qui manquent.

Soit à écrire le nombre décimal

$$728 \text{ } \textit{unités} \quad 35 \text{ } \textit{millièmes.}$$

J'aurai   728,035.

Rendre un nombre entier et décimal 10, 100, 1000... fois plus grand ou plus petit.

25. 1° Pour rendre un nombre entier 10, 100,

1000 fois plus grand, il suffit d'ajouter à sa droite autant de 0, qu'il y en a dans 10, 100, 1000.

Ainsi veut-on avoir un nombre 100 fois plus grand que

(1)   35

On écrira à sa droite deux 0 et l'on aura

(2)   3500.

En effet dans (1) 5 représente des unités alors que dans (2) il représente des centaines ; sa valeur relative est donc devenue 100 fois plus grande. Il en est de même pour 3 qui dans (1) représente des dizaines et qui dans (2) représente des mille. La valeur relative de tous les chiffres du nombre étant devenue 100 fois plus forte, le nombre lui-même est devenu 100 fois plus grand.

26. **2° Pour rendre un nombre décimal 10, 100, 1000 fois plus fort il suffit de déplacer la virgule d'autant de rangs vers la droite qu'il existe de 0 dans 10, 100, 1000.**

Ainsi soit à rendre 10 fois plus grand le nombre

(1)   28,725

Je recule la virgule d'un rang vers la droite, et j'ai

(2)   287,25

Qui est 10 fois plus grand que le nombre proposé.

La démonstration est analogue à celle qui précède ; il suffit de montrer que la valeur relative de chacun des chiffres du second nombre est 10 fois plus grande que celle des mêmes chiffres dans le nombre proposé.

27. **3° Pour rendre un nombre entier, 10, 100, 1000 fois plus petit, il suffira de séparer sur la droite de ce nombre, par une virgule, autant de chiffres qu'il y a de 0 dans 10, 100, 1000.**

Soit à rendre 728 cent fois plus petit

On aura 7.28

28. 4° Pour rendre un nombre décimal 10, 100, 1,000 fois plus petit, on fera mouvoir la virgule vers la gauche d'autant de rangs qu'il y a de 0 dans 10, 100, 1,000, etc.

Ainsi le nombre 10 fois plus petit que

$$23,75$$

sera   2,375.

29. On ne change pas la valeur d'un nombre décimal en ajoutant ou en retranchant des 0 à sa droite Car aucun des chiffres du nombre ne changeant de rang, ne change de valeur relative.

OPÉRATIONS

ADDITION

30. DÉFINITION. — *L'addition est une opération qui a pour but de réunir, en un seul, plusieurs nombres de la même espèce. — Le résultat de l'addition s'appelle* **somme**.

Le signe de l'addition est $+$, qui signifie *plus* ou *augmenté de*.

THÉORIE DE L'ADDITION

31. 1° Soit à additionner les nombres d'un seul chiffre :

$$5 ; 2 ; 4.$$

L'opération s'indique :

$$5 + 2 + 4$$

Nous ne connaissons jusqu'alors que la suite des nombres, il est donc indispensable de décomposer en unités les nombres que nous devons ajouter à 5. L'opération précédente se ramène alors à :

$$5 + \left(\begin{matrix}1 + 1\\2\end{matrix}\right) + \left(\begin{matrix}1 + 1 + 1 + 1\\4\end{matrix}\right) = 11.$$

Ce que nous faisions, enfants, en prenant le doigt pour unité.

Bientôt l'habitude du calcul nous a dispensés de décomposer les nombres en unités et nous avons dit :

$$5 + 2 = 7 \quad , \quad 7 + 4 = 11.$$

32. **2° Les nombres à additionner sont quelconques.**

RÈGLE. — *Pour trouver la somme de plusieurs nombres, on les écrit les uns au-dessous des autres en ayant soin de placer dans une même colonne verticale les chiffres qui appartiennent au même ordre ; puis on souligne le dernier nombre.*

On fait la somme **des chiffres** *(1°) placés dans chaque colonne en opérant de droite à gauche. Lorsqu'une somme partielle est moindre que 10 on l'écrit sous la colonne qui l'a fournie ; lorsqu'elle est plus forte, on écrit ses unités et l'on porte ses dizaines à la colonne suivante.*

$$325 + 72 + 5432$$

se dispose et s'effectue comme il suit

$$\begin{matrix}
325 \\
72 \\
5\,432 \\
\hline
5.829
\end{matrix}$$

33. Une somme porte toujours le même nom que les parties qui constituent la somme.

Si j'ai additionné 325 francs, plus 72 francs, plus 5,432 francs, je trouverai 5,829 francs.

34. Addition des nombres décimaux. — Cette opération s'effectue de la même façon que celle des nombres entiers. Et comme en faisant l'opération on connaît toujours la nature des unités qu'on additionne, on séparera à la somme la partie entière de la partie décimale par une virgule. Cette virgule se trouvera d'ailleurs placée sous les virgules des nombres à additionner.

SOUSTRACTION

35. *La soustraction a pour objet de retrancher d'un nombre toutes les unités contenues dans un autre.*

Le résultat de l'opération se nomme **différence**.

Le signe de la soustraction est —, qui signifie *moins* ou *à diminuer de*.

THÉORIE DE LA SOUSTRACTION

36. 1º Les nombres à soustraire n'ont qu'un seul chiffre.

$$7 - 4.$$

Il est évident que si nous retranchons 4 unités de 7 unités, le nombre que nous trouverons ajouté à 4 devra reproduire 7. Nous pouvons alors considérer 7 comme étant la somme de deux nombres dont un est connu : 4.

Alors $4 +$ quantité inconnue $= 7$.

Cette quantité inconnue ou la différence entre 7 et 4, nous la trouverons en ajoutant une à une l'unité au plus petit nombre jusqu'à ce que nous reproduisions le plus grand.

Soit
$$4 + \left(1 + \begin{smallmatrix} 1 \\ 3 \end{smallmatrix} + 1\right) = 7$$

3 est la différence entre **7** et **4**.

L'habitude du calcul nous dispensera bientôt de suivre ce procédé, employé seulement par les commençants, nous dirons immédiatement $7 - 4 = 3$.

37. REMARQUE : On appelle 7 et 4 les *termes* de la différence **3**.

On peut considérer comme évident le principe suivant :

38. PRINCIPE. — *On ne change pas une différence quand on ajoute un même nombre à ses deux termes.*

Ainsi
$$7 - 4 = 3$$

de même
$$\left(\begin{smallmatrix} 7 + 2 \\ 9 \end{smallmatrix}\right) - \left(\begin{smallmatrix} 4 + 2 \\ 6 \end{smallmatrix}\right) = 3.$$

39. 2° **Les nombres à soustraire ont plusieurs chiffres.**

$$725 - 438.$$

40. RÈGLE. — *Pour ramener ce cas au (1°) on écrit le plus petit nombre sous le plus grand en ayant soin de faire correspondre dans une même colonne verticale les chiffres d'un même ordre et l'on souligne. Puis, opérant de droite à gauche, on retranche s'il est possible* **chaque chiffre** *du nombre inférieur de celui qui se trouve immédiatement au-dessus et l'on écrit la différence au-dessous.*

Mais lorsqu'une soustraction partielle est impossible on augmente le chiffre supérieur de 10 unités de son ordre et pour ne pas changer la différence on augmente d'une unité de son ordre le chiffre inférieur de la soustraction partielle suivante.

Ainsi $725 - 438$

$$\begin{array}{ccc} 7 & \overset{12}{2} & \overset{15}{5} \\ \overset{5}{4} & \overset{4}{3} & 8 \\ \hline 2 & 8 & 7 \end{array}$$

se disposera et se modifiera comme il est indiqué.

Et l'on dira 8 ôté de 5 ne se peut ; j'ajoute 10 unités à 5 qui devient 15.

8 ôté de 15 reste 7.

Mais j'ai ajouté 10 unités au nombre supérieur ; pour ne pas changer la valeur de la différence, j'ajoute 1 dizaine aux 3 dizaines du nombre inférieur. On continue :

4 dizaines ôtées de 2 ne se peut, etc.

40 *bis*. On faisait anciennement la soustraction d'une façon un peu différente. Cette méthode s'appelait soustraction par emprunt.

Ainsi par exemple :

$$\begin{array}{ccc} \overset{6}{7} & 2 & \overset{15}{5} \\ 4 & 3 & 8 \\ \hline 2 & 8 & 7 \end{array}$$

On disait 8 de 5 ne se peut ; j'emprunte 1 dizaine aux 2 dizaines du même nombre, et je la convertis en unités que j'ajoute à 5 qui devient 15 unités, alors que 2 dizaines devient 1 dizaine.

8 ôté de 15 reste 7.

3 ôté de 1 ne se peut ; j'emprunte 1 centaine à 7 centaines ; je trouve 11 dizaines, mais 6 centaines :

3 ôté de 11 reste 8

4 ôté de 6 reste 2.

41. PREUVE. — Pour faire la preuve d'une soustraction

on ajoute le résultat de l'opération au plus petit nombre et l'on doit ainsi retrouver le plus grand.

42. Soustraction des nombres décimaux. — Elle se dispose et s'effectue de la même façon que celle des nombres entiers. On a soin au résultat de placer la virgule sous les virgules des deux termes de la différence.

MULTIPLICATION

43. *La multiplication est une opération qui a pour but de répéter un nombre appelé* multiplicande *autant de fois qu'il y a d'unités dans un autre appelé* multiplicateur.

Le résultat de l'opération se nomme **produit**.

Le signe de la multiplication est ×, qui signifie *à multiplier par*

Ainsi $\qquad 4 \times 3$

signifie 4 répété 3 fois ou

$$4 + 4 + 4$$

44. La multiplication est donc *une addition abrégée*.

45. *On peut dire aussi que : dans la multiplication on cherche un produit qui soit au multiplicande, ce que le multiplicateur est à l'unité.*

Dans l'exemple 4×3, si l'on compare le multiplicateur à l'unité on voit qu'il est 3 fois plus grand que l'unité; alors le produit doit être 3 fois plus grand que le multiplicande 4.

Ce qui est bien encore $4 + 4 + 4$.

Le multiplicande et le multiplicateur sont appelés **facteurs** du produit.

46. *Remarques sur le produit :* 1° On voit qu'un produit est toujours de même nature que le multiplicande; le multiplicateur est un nombre abstrait.

2° Que le produit varie dans le même sens que les facteurs : qu'il devient 5 fois plus grand si l'un des facteurs devient 5 fois plus grand; qu'il devient (5×3) fois plus grand si l'un des facteurs devient 5 fois plus grand en même temps que l'autre devient 3 fois plus grand.

3° Que le produit peut être plus petit que le multiplicande, si le multiplicateur est plus petit que l'unité; car le produit doit être au multiplicande ce que le multiplicateur est à l'unité (n° 45).

THÉORIE DE LA MULTIPLICATION

47. **1° Le multiplicande et le multiplicateur n'ont qu'un seul chiffre.**

$$4 \times 3$$

En principe, et pour se conformer à la définition on doit répéter 4 trois fois et dire

$$4 + 4 + 4 = 12.$$

Mais un tableau, appelé table de multiplication, a été formé, qui renferme tous les produits de deux nombres n'ayant qu'un seul chiffre. On consulte d'abord cette table puis, plus tard, on connaît par cœur les résultats qui y sont contenus, et l'on évite ainsi la perte de temps que nécessiterait l'addition.

Pour construire **une table de multiplication, dite table de Pythagore,** on forme une première ligne horizontale qui renferme les 9 premiers nombres, soit :

$$1 \quad, \quad 2 \quad, \quad 3 \quad, \quad 4 \quad, \quad 5 \quad, \quad 6 \quad, \quad 7 \quad, \quad 8 \quad, \quad 9$$

On continue ensuite à former 8 autres lignes horizontales commençant par 2, 3 … 8, 9, en écrivant les nombres de 2 en 2, dans la ligne qui commence par 2;... de 5 en 5, dans la ligne qui commence par 5, etc. On adopte la disposition ci-dessous.

1	2	3	4	5	6	7	8	9
2	4	6	8	10	12	14	16	18
3	6	9	12	15	18	21	24	27
4	8	12	16	20	24	28	32	36
5	10	15	20	25	30	35	40	45
6	12	18	24	30	36	42	48	54
7	14	21	28	35	42	49	56	63
8	16	24	32	40	48	56	64	72
9	18	27	36	45	54	63	72	81

Pour faire **usage de cette table** et trouver par exemple le produit de 8 par 6 on descend la colonne verticale qui commence par 8; on suit la colonne horizontale qui commence par 6 et à l'intersection de ces deux colonnes on trouve le produit 48 de ces deux nombres.

48. 2° Le multiplicande a plusieurs chiffres et le multiplicateur n'en a qu'un seul.

$$846 \times 7.$$

Le multiplicande signifie :

$$8 \text{ centaines} + 4 \text{ dizaines} + 6 \text{ unités.}$$

L'opération proposée revient donc à :

$$(8 \text{ centaines} \times 7) + (4 \text{ dizaines} \times 7) + (6 \text{ unités} \times 7)$$

ou $\qquad (56 \text{ centaines}) + (28 \text{ dizaines}) + (42 \text{ unités})$

et $\qquad 5600 + 280 + 42 = 5922 \text{ unités.}$

Opération qui se dispose plus simplement comme il suit et dans laquelle on fait à la fois et la multiplication de chaque chiffre du multiplicande par le multiplicateur et l'addition des dizaines de chaque ordre avec les unités de l'ordre suivant :

$$\begin{array}{r} 846 \\ 7 \\ \hline 5922 \end{array}$$

49. 3° Le multiplicande a plusieurs chiffres et le multiplicateur est un chiffre significatif suivi de zéros.

$$842 \times 700$$

On fait dans ce cas l'opération comme si les zéros n'existaient pas au multiplicateur, mais au produit on ajoute autant de zéros à sa droite qu'il y en avait au multiplicateur.

En effet, en supprimant deux zéros, j'ai rendu le multiplicateur 100 fois plus petit que celui qui m'était donné, le produit sera donc 100 fois trop faible ; pour lui rendre sa véritable valeur, je devrai le multiplier par 100 (en ajoutant 2 zéros à sa droite).

50. 4° Les deux facteurs ont plusieurs chiffres.

$$7846 \times 428$$

Le multiplicateur

$$428 = 400 + 20 + 8.$$

L'opération proposé revient donc à celles-ci :

$$(7846 \times 8) + (7846 \times 20) + (7846 \times 400)$$

Opérations que nous savons faire (3°), mais qu'on dispose comme il suit en supprimant les zéros aux multiplicateurs ainsi qu'aux produits partiels.

$$
\begin{array}{r}
7\,846 \\
428 \\
\hline
62768 \\
15692 \\
31384 \\
\hline
3358088
\end{array}
$$

51. D'où la règle générale : — *On écrit le multiplicande, puis au-dessous de lui le multiplicateur qu'on souligne. Ensuite on multiplie tout le multiplicande par chaque chiffre du multiplicateur. On écrit les produits partiels les uns au-dessous des autres en ayant soin de placer le premier chiffre de chacun d'eux au rang du chiffre multiplicateur qui a fourni ce produit. On fait ensuite la somme des produits ainsi disposés et obtenus.*

52. PREUVE. — Pour faire la preuve d'une multiplication, on multiplie le multiplicateur par le multiplicande, et si l'on a bien opéré, on doit trouver le même produit.

Cette preuve est fondée sur le principe suivant :

53. PRINCIPE. — **Un produit de deux facteurs ne change pas lorsqu'on intervertit leur ordre.**

Il faut démontrer que

$$4 \times 3 = 3 \times 4.$$

4×3 signifie 4 unités répétées 3 fois, ce que je figure dans le tableau suivant :

$$\begin{matrix} | & | & | & | \\ | & | & | & | \\ | & | & | & | \end{matrix}$$

Le produit sera le nombre obtenu en comptant ces unités. Mais je puis les compter, sans changer leur nombre, ou bien de haut en bas, ce qui me donne 4 répété 3 fois ou 4×3. Ou bien de gauche à droite, ce qui me donne 3 répété 4 fois ou 3×4.

54. On peut généraliser ce principe en disant que **dans un produit de plusieurs facteurs on peut intervertir l'ordre des facteurs quelconques sans changer le produit.**

Ainsi $\quad 4 \times 7 \times 3 \times 8 = 3 \times 4 \times 8 \times 7.$

55. On voit aussi qu'il est possible de remplacer plusieurs facteurs par leur produit effectué et inversement.

Ainsi $\quad 4 \times 7 \times 3 \times 8 = 4 \times \left(\underset{21}{7 \times 3} \right) \times 8.$

56. Principe. — *Pour multiplier une somme non effectuée par un nombre, il faut multiplier toutes les parties de cette somme par le nombre.*

Il faut démontrer que

$$(5 + 4 + 7) \times 3 = (5 \times 3) + (4 \times 3) + (7 \times 3).$$

En effet $(5 + 4 + 7) \times 3$ signifie $(5 + 4 + 7)$ répété 3 fois ou

$$\begin{matrix} 5 + 4 + 7 \\ 5 + 4 + 7 \\ 5 + 4 + 7 \end{matrix}$$

qui nous donne bien

$$(5 \times 3) + (4 \times 3) + (7 \times 3).$$

57. Principe. — *Pour multiplier une différence par un nombre, il faut multiplier les 2 parties de la différence par ce nombre.*

En effet, on démontrerait, de la même façon que pour le principe précédent, que

$$(7 - 4)\,3 = (7 \times 3) - (4 \times 3).$$

58. Inversement. — On peut transformer cette somme

$$(5 \times 3) + (4 \times 3) + (7 \times 3)$$

en

$$3(5 + 4 + 7)$$

forme infiniment plus commode pour le calcul.

Cette opération, qui consiste à prendre une seule fois 3 alors que ce nombre était facteur commun à toutes les parties de la somme s'appelle *mettre* **3** *en facteur commun.*

59. — Principe. *Pour multiplier un produit par un nombre, il suffit de multiplier par ce nombre un seul des facteurs du produit.*

Ainsi

$$(3 \times 5 \times 6)\,7 = 3 \times 5 \times 6 \times 7.$$

Ce qui résulte du principe n° 55.

60. Ayant un produit de deux facteurs, si l'on multiplie le multiplicande par un nombre $\frac{2}{3}$ par exemple, et le multiplicateur par un autre $\frac{5}{7}$, le produit des 2 facteurs ainsi modifiés est égal au produit primitif multiplié par le produit des deux fractions $\dfrac{2}{3}$ et $\dfrac{5}{7}$. (*Brevet élémentaire. Juillet* 1886).

Ainsi, soit M le multiplicande et m le multiplicateur.

Si l'on multiplie M par $\dfrac{2}{3}$ on trouve :

$$\dfrac{2}{3} \times \text{M}.$$

Si l'on multiplie m par $\dfrac{5}{7}$ ·

on a $\qquad \dfrac{5}{7} \times m.$

Si nous faisons le produit de ces 2 facteurs modifiés il vient :

$$\dfrac{2}{3} \times \text{M} \times \dfrac{5}{7} \times m.$$

Mais dans un produit de plusieurs facteurs, on peut intervertir l'ordre des facteurs et remplacer plusieurs d'entre eux par leur produit effectué ; il vient alors

$$(\text{M} \times m) \times \left(\dfrac{2}{3} \times \dfrac{5}{7}\right)$$

Produit primitif.   Produit des fractions.

61. On appelle **puissance d'un nombre** le produit de plusieurs facteurs égaux à ce nombre.

Ainsi $16 = 2 \times 2 \times 2 \times 2$ est une puissance de 2 ; c'est sa 4ᵉ puissance. On l'exprime en disant :

$$16 = 2^4 \text{ (qui s'énonce 2 puissance 4).}$$

Le **carré** d'un nombre est la 2ᵉ puissance de ce nombre

$$5^2 = 5 \times 5$$

c'est donc le produit de ce nombre par lui-même.

Le **cube** d'un nombre est sa 3e puissance

$$5^3 = 5 \times 5 \times 5.$$

PRINCIPE. — *Le produit de plusieurs puissances d'un nombre a pour exposant la somme des exposants des facteurs.*

Ainsi $\qquad 5^2 \times 5^4 \times 5^5 = 5^{11}.$

En effet $\qquad 5^2 = 5 \times 5$

$$5^4 = 5 \times 5 \times 5 \times 5.$$

$$5^5 = 5 \times 5 \times 5 \times 5 \times 5$$

Le produit de ces facteurs est donc

$$5 \times 5 \times 5 \times 5 \times 5 \times 5 \times 5 \times 5 \times 5 \times 5 \times 5 = 5^{11}.$$

62. Multiplication des nombres décimaux. — La multiplication des nombres décimaux se dispose et s'effectue comme celle des nombres entiers, en ne tenant pas compte des virgules; mais sur la droite du produit on sépare autant de chiffres décimaux qu'il y en a dans les deux facteurs.

Exemple $\qquad 8,45 \times 5,6$

se disposera comme il suit :

$$
\begin{array}{r}
8,45 \\
5,6 \\
\hline
5\,070 \\
42\,25 \\
\hline
47,320
\end{array}
$$

Il faut séparer 3 chiffres décimaux au produit; car en supprimant la virgule du multiplicande j'ai rendu celui-ci 100 fois plus grand et, de ce fait, le produit 100 fois trop grand. En faisant abstraction de la virgule du multiplicateur, j'ai rendu celui-ci 10 fois plus grand et par suite le produit, de ce seul fait, 10 fois trop grand. Ces 2 opérations simultanées ont rendu le produit (100 $\times$ 10) 1000 fois trop fort; pour lui rendre sa véritable valeur, je dois le diviser par 1000, en séparant 3 chiffres sur sa droite.

DIVISION

63. *La division a pour but de chercher combien un nombre appelé* dividende *contient de fois un autre appelé* diviseur.

Le résultat se nomme *quotient*.

Le signe de la division est :, placé entre le dividende et le diviseur et sur une même ligne : ou —, placé entre les deux termes situés, le dividende au-dessus, le diviseur au-dessous. Ces deux signes veulent dire *à diviser par*.

Ainsi $\qquad 29 : 6 \quad$ et $\quad \dfrac{29}{6}$

signifient : 29 *à diviser par* 6.

64. D'après la définition on doit chercher combien 29 contient de fois 6 ; il le contiendra évidemment autant de fois qu'on pourra retirer 6 de 29.

ou

$$29 - 6 = 23 \;,\; 23 - 6 = 17 \;,\; 17 - 6 = 11 \;,\; 11 - 6 = 5.$$
1 fois.   2 fois.   3 fois.   4 fois.

J'ai pu retirer 4 fois 6 de 29 ; 4 est le quotient ; le reste est 5.

65. La division est donc une soustraction abrégée.

66. Mais si le diviseur est contenu 4 fois dans le dividende, sauf le reste, le quotient multiplié par le diviseur devra reproduire le dividende sauf le reste ; ce qui donne lieu à cette autre définition de la division :

67. *La division est une opération qui a pour but de*

trouver un nombre appelé quotient qui, multiplié par le diviseur devra reproduire le dividende (diminué du reste de l'opération.

68. Le dividende, le quotient et le reste sont des nombres de même nature ; le diviseur est un nombre abstrait.

69. On peut, en se fondant sur cette dernière définition de la division, connaître le nombres des chiffres d'un quotient avant d'avoir fait l'opération.

Ainsi dans la division :

$$\frac{72428}{842}$$

Le quotient cherché, multiplié par le diviseur 842, ne devra jamais surpasser le dividende 72428 ; il ne sera dans ce cas qu'un nombre de dizaines.

Car 842×10 ou 8420 sera plus petit que 72428.

Mais 842×100 ou 84200 serait plus grand que 72428.

Ce qui ne doit jamais se produire.

Le quotient qui est un nombre de dizaines aura donc 2 chiffres.

70. *On voit que le nombre des chiffres d'un quotient est égal au nombre plus un des zéros qu'il faut ajouter au diviseur pour que celui-ci égale le dividende, ou s'en approche le plus en moins.*

71. Remarque. — La deuxième définition de la division peut se résumer en l'égalité suivante si l'on admet que l'opération s'est faite exactement.

Dividende $=$ (Quotient $\times$ Diviseur)

Si l'on multiplie le dividende par un nombre entier, pour que l'égalité précédente reste égalité, il faut que le quotient soit multiplié par ce nombre entier.

Inversement, si l'on rend le dividende 3 fois plus petit le quotient deviendra 3 fois plus petit.

Mais le quotient variera en sens inverse du diviseur. Plus le diviseur augmentera plus le quotient diminuera.

72. Alors on peut, sans changer la valeur d'un quotient, multiplier ou diviser le dividende et le diviseur par un même nombre. Il y aura compensation.

THÉORIE DE LA DIVISION

73. 1° **Le diviseur et le quotient n'ont qu'un seul chiffre.**

$$\frac{45}{7}$$

On pourrait trouver le quotient par soustractions successives. Mais il est préférable de chercher dans la table de multiplication quel serait le nombre qui, multiplié par 7, égalerait 45 ou s'en approcherait le plus en moins; on trouve 6 : le nombre 6 est le quotient.

Comme $\qquad 6 \times 7 = 42 \qquad\qquad \begin{array}{c|c} 45 & 7 \\ \hline 3 & 6 \end{array}$

le reste est $\qquad 45 - 42 = 3.$

74. 2° **Le diviseur a plusieurs chiffres et le quotient un seul.**

(1) $\qquad\qquad 7342 : 935$

Le quotient, qui par hypothèse ne renferme que des unités, multiplié par les centaines du diviseur, fournira un produit qui devra être soustrait des centaines du dividende. C'est ce nombre qu'il faut chercher en n'opérant primitivement que sur les centaines. On modifiera l'opération proposée en celle-ci :

(2) $\qquad\qquad 73 : 9 = 8$ (cas précédent).

Qui sera sinon le véritable quotient de (1), du moins un quotient trop fort.

On l'essaye en faisant le produit de 8 par 935 ; si le produit peut se retrancher de 7342, c'est que le quotient est le bon ; sinon on essaye 7, en faisant à la fois et la multiplication du quotient par le diviseur, et la soustraction de ce produit du dividende.

$$\begin{array}{r|l} 7341 & 935 \\ 797 & \overline{7} \end{array}$$

On reconnaît qu'un chiffre essayé au quotient est trop faible, lorsque le produit obtenu, soustrait du dividende, égale ou surpasse le diviseur. Car dans ce cas, c'est que le diviseur peut être encore retiré au moins une fois du dividende.

75. Règle. — *On cherche combien de fois les plus hautes unités du diviseur sont contenues dans les unités de même ordre du dividende. Puis on multiplie le diviseur par ce quotient qu'on diminue d'un nombre d'unités suffisant pour que le produit obtenu puisse être retranché du dividende.*

76. 3°. **Le quotient a plusieurs chiffres.**

53426 : 72.

Le quotient aura 3 chiffres, il sera donc un nombre de centaines. Le chiffre des centaines du quotient, multiplié par 72 unités devra fournir un produit qu'on doit pouvoir soustraire des centaines du dividende. Je cherche ce nombre en divisant 534 par 72 (cas précédent).

$$\begin{array}{r|l} 534.26 & 72 \\ 30 & \overline{7} \end{array}$$

On trouve ainsi 7 pour premier chiffre du quotient ; et 30 centaines comme reste (le reste étant de même nature que le dividende).

Si nous convertissons ces 30 centaines en dizaines et si

nous ajoutons les **2** dizaines que contient le dividende on a

$$\begin{array}{c|c} 534.26 & 72 \\ 30.2 & \overline{7} \end{array}$$

302 dizaines qui divisées par le diviseur 72 fourniront le chiffre des dizaines du quotient

$$\begin{array}{c|c} 534.26 & 72 \\ 30.2 & \overline{74} \\ 1.4 & \end{array}$$

soit 4 pour dizaines du quotient et 14 dizaines pour reste ou 140 unités, qui, ajoutées aux 6 du dividende, donnent 146. Ce nombre des unités divisé par le diviseur fournira les unités du quotient

$$\begin{array}{c|c} 534.26 & 72 \\ 30.2 & \overline{742} \\ 1.46 & \\ 02 & \end{array}$$

77. Règle générale. — *A gauche du dividende on sépare le plus petit nombre contenant le diviseur. En effectuant la division de ce dividende partiel par le diviseur on a le premier chiffre du quotient.*

A droite du reste on abaisse le chiffre suivant du dividende proposé ; on forme ainsi le deuxième dividende partiel ; en effectuant la division de ce dividende par le diviseur entier on trouve le deuxième chiffre du quotient.

Et l'on continue ainsi jusqu'à ce qu'on ait abaissé le dernier chiffre du dividende.

S'il arrivait qu'un dividende partiel ne contînt pas le diviseur, le chiffre correspondant du quotient serait un zéro ; et on obtiendrait le dividende partiel suivant en abaissant un nouveau chiffre du dividende.

78. Preuve. — On multiplie le diviseur par le quotient ; en ajoutant le reste à ce produit, on doit reproduire le dividende.

79. Division des nombres décimaux.
— Dans tous les cas, on multiplie le dividende et le diviseur par une puissance de 10 suffisante pour rendre le diviseur entier. On effectue l'opération comme si les termes étaient tous deux entiers. Mais lorsqu'on abaisse le premier chiffre de la partie décimale du dividende, on met une virgule au quotient; chaque chiffre du quotient représentant en effet le même ordre d'unités que le dernier chiffre du reste qui vient de le former.

$$42,6 : 5 \quad ; \quad 453 : 3,52 = 45300 : 352 \quad ; \quad 3,25 : 2,3 = 32,5 : 23$$

$$
\begin{array}{c|c}
42,6 & 5 \\
2,6 & \overline{8,5} \\
1 &
\end{array}
\qquad\qquad
\begin{array}{c|c}
32,5 & 23 \\
9,5 & \overline{1,7} \\
4 &
\end{array}
$$

80. Quotient approché. — Toutes les fois qu'une division donne un reste, le quotient n'est pas exact; il est plus ou moins approché du quotient exact. Si le quotient a été calculé jusqu'au chiffre des unités, on dit qu'il est approché *à moins d'une unité près*.

Ainsi dans l'exemple :

$$29 : 6$$

Le quotient est 4, et il reste 5; le quotient n'est donc pas exact, mais l'erreur est moindre qu'une unité, car le quotient exact qui est plus grand que 4 est inférieur à 5.

Si l'on veut avoir une approximation *à moins de un dixième, un centième près*, on devra convertir le reste de la division *en dixièmes, en centièmes* et obtenir ainsi des dixièmes, des centièmes au quotient.

DIVISIBILITÉ DES NOMBRES

81. Définitions. — On dit qu'un nombre est *multiple*

d'un autre ou est divisible par un autre, lorsqu'il est le produit de celui-ci par un nombre entier.

Ainsi 72 est multiple de 8 ou est divisible par 8

parce que $$72 = 8 \times 9.$$

On dit qu'un nombre est *un diviseur, un sous-multiple,* ou une *partie aliquote* d'un autre lorsque celui-ci est multiple de celui-là.

Ainsi 8 est un diviseur, un sous-multiple, une partie aliquote de 72 parce que 72 est multiple de 8.

82. PRINCIPE. — **Tout nombre qui en divise plusieurs autres divise leur somme.**

Je suppose que 3 divise

$$9, \quad 12, \quad 15$$

Je veux démontrer que 3 divise

$$9 + 12 + 15.$$

En effet, si 3 divise 9, c'est que 9 est un multiple de 3.
Si 3 — 12 — 12 — 3.
Si 3 — 15 — 15 — 3.

On a alors à chercher la nature de la somme

$$m.3 + m.3 + m.3 \ (^1).$$

Or une somme est toujours de même nature que les parties qui constituent cette somme; dans ce cas elle sera un multiple de 3; elle sera donc divisible par 3.

83. PRINCIPE. — **Tout nombre qui en divise deux autres divise leur différence.**

Je suppose que 3 divise

$$15 \text{ et } 9$$

$m.3$ signifie multiple de 3.

Je veux démontrer que 3 divise

$$15 - 9$$

Par hypothèse

$$15 = m.3 \quad \text{et} \quad 9 = m.3$$

or,
$$m.3 - m.3 = m.3$$

car une différence est de même nature que ses termes.

Donc la différence qui est $m.3$ sera divisible par 3.

84. COROLLAIRE. — **Lorsqu'un nombre divise la somme de deux nombres et l'un de ces nombres il divise l'autre.**

Si 3 divise 27 (la somme des 2 nombres 21 et 6) et l'une des parties 21,

Je veux démontrer qu'il divise l'autre partie.

En effet, l'autre partie est 27 — 21, c'est-à-dire la différence des nombres donnés ;

Or 27 et 21 sont divisible par 3, par hypothèse, donc leur différence, qui est l'autre nombre, sera divisible par 3.

85. Un nombre est divisible par 2 si son dernier chiffre est un chiffre pair ou un 0.

En effet $$478 = 470 + 8.$$

478 est la somme des deux nombres 470 et 8.

Or, le 1ᵉʳ de ces nombres sera toujours divisible par 2, puisque c'est un nombre de dizaine $(10 = 2 \times 5)$; pour que la somme 478 soit divisible par 2, il faut donc que la seconde partie de sa somme 8 le soit. Et il n'y a que les chiffres pairs qui soient divisibles par 2.

86. Un nombre est divisible par 5 si son dernier chiffre est un 0 ou un 5.

Car $$725 = 720 + 5.$$

La première partie de la somme 720 est divisible par 5 puisque c'est un nombre de dizaines.

Le nombre tout entier sera donc divisible par 5 si la seconde partie de la somme 5 est divisible par 5. Or il n'y a que 5 et 0 qui soient divisibles par 5.

87. Un nombre est divisible par 4 si le nombre formé par ses 2 derniers chiffres est divisible par 4.

Ainsi $\qquad 1536 = 1500 + 36.$

1500 étant un nombre de centaines sera toujours divisible par 4 ($100 = 4 \times 25$); pour que 1536 soit divisible par 4 il suffit donc que la seconde partie de la somme 36 soit divisible par 4 (36 est bien le nombre formé par les 2 derniers chiffres de 1536).

Le caractère de divisibilité d'un nombre par 25 est le même que par 4.

88. Un nombre est divisible par 8, si le nombre formé par ses 3 derniers chiffres est divisible par 8.

$$57136 = 57000 + 136$$

La 1re partie de la somme 57000 est divisible par 8 ($1000 = 8 \times 125$); il suffit donc que 136 le soit pour que la somme 57136 soit divisible par 8.

Le caractère de divisibilité d'un nombre par 125 est le même que par 8.

89. Un nombre est divisible par 9 lorsque la somme de ses chiffres égale 9 ou un multiple de 9.

On remarquera :

1° *Que toute puissance de* 10 *est multiple de* $9 + 1$

En effet

$$10 = 9 + 1 \quad , \quad 1000 = 999 + 1 = m.9 + 1.$$

2° *Que tout chiffre significatif suivi de zéros est un multiple de* 9 *plus ce chiffre significatif.*

$$40 = 4 \times 10 = 4(9 + 1) = m.9 + 4$$
$$5000 = 5 \times 1000 = 5\,(m.9 + 1) = m.9 + 5.$$

Soit le nombre :   43272.

On peut écrire :

$$43272 = 40000 + 3000 + 200 + 70 + 2.$$

Mais :

$$40000 = m.9 + 4$$
$$3000 = m.9 + 3$$
$$200 = m.9 + 2$$
$$70 = m.9 + 7$$
$$2 = 2$$

Et la somme $\quad\overline{43272 = m.9 + (4 + 3 + 2 + 7 + 2).}$

La 1re partie de la somme est divisible par 9 puisque c'est $m.9$; pour que le nombre 43272 soit divisible par 9, il faut que la seconde partie de la somme $(4 + 3 + 2 + 7 + 2)$ le soit. Et c'est précisément la somme des chiffres du nombre proposé.

Le caractère de divisibilité d'un nombre par 3 est le même que par 9.

90. Un nombre est divisible par 6 s'il l'est par 2 et par 3.

REMARQUE. — On vient de voir que tout nombre est égal à un multiple de 9, augmenté de la somme de ses chiffres. En vertu de ce qui précède, on peut écrire :

$$8425 = m.9 + (8 + 4 + 2 + 5).$$

Mais si nous divisons 8425 par 9, nous devrons trouver le même reste que si nous divisions par 9 sa valeur $m.9 + (8 + 4 + 2 + 5)$.

Or $m.9 : 9$ donne évidemment 0 pour reste.

Donc le reste de la division par 9 de 8425 sera le même que celui de la division de $8 + 4 + 2 + 5$ par le même nombre 9.

On voit alors que le reste de la division d'un nombre par 9 est le même que celui que donnerait la division par 9 de la somme des chiffres de ce nombre.

C'est sur cette importante remarque qu'est fondée la théorie de la preuve par 9.

Preuve par 9 de la mutiplication.

91. Règle. — On cherche les restes des divisions par 9 du multiplicande ([1]), du multiplicateur ([2]), du produit ([3]); le produit des 2 premiers restes divisé par 9 doit fournir un nombre ([4]) égal au 3e reste.

Soit à vérifier la multiplication suivante. (On dispose les différents restes comme il est indiqué dans la figure ci-contre.)

$$
\begin{array}{r}
1847 \\
528 \\
\hline
14776 \\
3694 \\
9235 \\
\hline
975216
\end{array}
$$

En effet. $1847 = m.9 + 2$
$528 = m.9 + 6$

donc, $1847 \times 528 = m.9 \times m.9 + 2\,m.9 + 6\,m.9 + 6 \times 2$ ([*]).

ou $975216 = m.9 + 6 \times 2.$

Le reste de la division par 9 du produit 975216 est donc le même que celui de la division par 9 du produit 6×2. (Remarque précédente.)

([*]) $(m.9 + 2) \times (m.9 + 6) = (m.9 + 2) \times m.9 + (m.9 + 2) \times 6$

ou $m.9 \times m.9 + 2m.9 + 6m.9 + 2 \times 6.$

Preuve par 9 de la division.

92. Si du dividende on retranche le reste de la division, le dividende ainsi diminué devient exactement le produit du diviseur par le quotient. On fait la preuve de cette opération, comme nous l'avons indiqué pour la multiplication, en cherchant à corriger l'erreur, s'il y a lieu, non plus au nombre qui exprime le produit, mais à celui des facteurs qui correspond au quotient.

Soit à vérifier l'opération suivante :

$$7342684 - 316 = 7342368$$

$$7342368 = 13906 \times 528$$

REMARQUE. — On peut, au lieu de retrancher le reste de la division, retrancher seulement le reste de la division par 9 de la somme des chiffres du reste, d'un chiffre quelconque du dividende.

DIVISEURS COMMUNS

93. On appelle *diviseurs communs* de plusieurs nombres, les nombres qui divisent exactement les nombres proposés.

94. Le *plus grand commun diviseur* (P. G. C. D.) de plusieurs nombres est le plus grand nombre qui divise exactement les nombres proposés.

Ainsi les diviseurs communs de 6, 12 et 36 sont :

$$1 \quad , \quad 3 \quad \text{et} \quad 6$$

et le P. G. C. D. de 6, 12 et 36 est :

$$6.$$

95. Principe. — **Tout diviseur commun au dividende et au diviseur d'une division divise aussi le reste.**

En effet : dividende $=$ (diviseur $\times$ quotient) $+$ reste.

Si un nombre divise Dividende et Diviseur il divisera évidemment Diviseur $\times$ Quot. qui est aussi un multiple de Diviseur.

Ce nombre divisant une somme Dividende, et l'une des parties de la somme : Diviseur $\times$ Quot., divisera l'autre partie de la somme qui est : Reste.

96. Il résulte de ce principe **que tout diviseur commun au dividende et au diviseur d'une division est aussi diviseur commun du diviseur et du reste.**

Recherche du P. G. C. D. de deux nombres.

97. Le P. G. C. D. de 2 nombres 2740 et 316 ne sera certainement pas supérieur au plus petit nombre, mais il peut être ce plus petit nombre. On essaye donc la division de 2740 par 316 ; elle donne le reste 212.

Puisqu'il y a un reste, 316 ne divise pas 2740.
On a alors

$$2740 = (316 \times 8) + 212.$$

Mais le P. G. C. D. de 2740 et de 316 est le même que celui de 316 et 212 (n° 96).

Il sera donc 212 si ce nombre divise 316 et 212. On fait la division et l'on trouve 104 pour reste.

De même, le P. G. C. D. de 316 et 212 est le même que celui de 212 et 104. On cherche s'il ne serait pas 104, et l'on continue ainsi jusqu'à ce que le reste soit 0. Le dernier diviseur est alors le P. G. C. D. des nombres proposés.

On dispose l'opération comme il suit :

Quotients :		8	1	2	26
	2740	316	212	104	4
Restes :	212	104	4	24	
				00	

98. Règle. — *Pour trouver le plus grand commun diviseur de deux nombres, on divise le plus grand par le plus petit. S'il y a un reste, on divise le 1ᵉʳ diviseur par ce reste; ce reste par le 2ᵉ reste et ainsi de suite jusqu'à ce que le reste soit nul. Le dernier diviseur est le P. G. C. D.*

NOMBRES PREMIERS

99. Un nombre *premier* est un nombre qui n'est divisible que par lui-même et par l'unité ; il n'a donc que 2 diviseurs :

$$5 \; ; \; 13 \; ; \; 29$$

sont des nombres premiers.

100. Des nombres sont *premiers entre eux* lorsqu'ils n'ont que l'unité pour diviseur commun.

 (1) 5, 13 et 29   (2) 8, 25, 33.

Tous les nombres premiers sont premiers entre eux (1).

Mais des nombres qui ne sont pas premiers, peuvent être premiers entre eux (2).

101. Construction d'une table de nombres premiers. — Pour construire une table de nombres premiers, jusqu'à 50 par exemple, on écrit les 50 premiers nombres. Puis on barre :

Tous les nombres de 2 en 2 à partir de 4 (ce sont des multiples de 2);

Tous les nombres de 3 en 3 à partir de 6 (ce sont des multiples de 3);

Tous les nombres de 5 en 5 à partir de 10 (ce sont des multiples de 5), etc.

Tous les nombres non barrés sont premiers.

$$1 - 2 - 3 - 4 - 5 - 6 - 7 - 8 - 9 - 10 - 11 -$$
$$12 - 13 - 14 - 15 - 16 - 17 - 18 - 19 - 20 - 21$$
$$22 - 23 - 24 - 25 - 26 - 27 - 28 - 29 - 30 - 31$$
$$32 - 33 - 34 - 35 - 36 - 37 - 38 - 39 - 40 - 41$$
$$42 - 43 - 44 - 45 - 46 - 47 - 48 - 49 \; 50.$$

102. Décomposer un nombre en ses facteurs premiers. — Décomposer 720 en ses facteurs premiers, c'est trouver les nombres premiers dont le produit soit égal à 720.

Pour cela, on divise le nombre proposé par les nombres premiers qui le divisent exactement, en commençant par les plus petits.

On dispose l'opération comme il suit :

$$
\begin{array}{r|l}
720 & 2 \\
360 & 2 \\
180 & 2 \\
90 & 2 \\
45 & 3 \\
15 & 3 \\
5 & 5 \\
1 &
\end{array}
\qquad 720 = 2^4 \times 3^2 \times 5.
$$

103. Trouver tous les diviseurs d'un nombre. — On décompose ce nombre en ses facteurs premiers. Puis on fait toutes les combinaisons possibles de ces facteurs affectés de tous les exposants qui leur sont propres.

Ainsi $\qquad 270 = 2 \times 3^3 \times 5$

On aura pour les diviseurs de 270,
d'abord

$$1, 2, 3, 3^2, 3^3, 5 :$$

puis

$$2 \times 3 : 2 \times 3^2 : 2 \times 3^3 ; 2 \times 5 : 3 \times 5 : 2 \times 3 \times 5$$
$$3^2 \times 5 : 3^2 \times 2 \times 5 : 3^3 \times 5 ; 3^3 \times 2 \times 5.$$

On dispose l'opération comme il suit :

	Facteurs premiers.	Diviseurs.
		1.
270	2	2.
135	3	3. 6.
45	3	9. 18.
15	3	27. 54.
5	5	5. 10. 15. 30. 45. 90. 135. 270.
1		

Le plus petit est toujours 1 : le plus grand est le nombre proposé.

104. Plus grand commun diviseur de plusieurs nombres. — Soit à trouver le plus grand commun diviseur des nombres :

$$90 \quad . \quad 270 \quad . \quad 360 \quad . \quad 1.035$$

On pourrait chercher tous les diviseurs de ces nombres, choisir ceux qui sont communs, et prendre le plus grand. Il serait bien le plus grand commun diviseur.

Mais ce procédé trop lent est remplacé avantageusement par le suivant :

On décompose les nombres proposés en leurs facteurs premiers; puis on fait le produit des facteurs communs à tous les nombres, en prenant chacun d'eux avec son plus petit exposant.

Ainsi :

$$90 = 2 \times 3^2 \times 5 \quad . \quad 270 = 2 \times 3^3 \times 5$$
$$360 = 2^3 \times 3^2 \times 5 \quad . \quad 1035 = 3^2 \times 5 \times 23$$
$$\text{P. G. C. D.} = 3^2 \times 5 = 45.$$

Ce nombre est bien un diviseur commun puisque tous les nombres proposés sont multiples de $3^2 \times 5$.

C'est bien le plus grand, car si j'avais introduit un autre facteur, 2 par exemple, il n'aurait plus divisé 1035 qui n'est pas multiple de 2; si j'avais introduit 3^3, il n'aurait plus divisé 90, 360, 1035 qui ne sont pas des facteurs de 3^3.

105. Plus petit commun multiple de plusieurs nombres. — Un nombre 72 est *multiple commun de plusieurs nombres* 2, 3, 6, 9, lorsqu'il est le produit de chacun de ces nombres par des nombres entiers différents 36, 24, 12, 8. Ce multiple commun de plusieurs nombres est évidemment divisible par tous ces nombres.

On trouve un multiple commun de plusieurs nombres en faisant le produit de ces nombres.

Le *plus petit commun multiple* de plusieurs nombres est le plus petit nombre qui soit exactement divisible par tous les nombres proposés.

Pour trouver la P. P. C. M. de plusieurs nombres on fait le produit de tous leurs facteurs premiers communs ou non communs; mais ceux qui sont communs ne sont pris qu'une seule fois, avec leur plus grand exposant.

Soit à trouver le P. P. C. M. de

$$90 \quad , \quad 270 \quad , \quad 360 \quad , \quad 1035.$$

$$90 = 2 \times 3^2 \times 5 \quad , \quad 270 = 2 \times 3^3 \times 5$$
$$360 = 2^3 \times 3^2 \times 5 \quad , \quad 1035 = 3^2 \times 5 \times 23$$
$$\text{P. P. C. M.} = 2^3 \times 3^3 \times 5 \times 23 = 24840.$$

Ce nombre est bien un multiple commun de 90, 270, 360, 1035, puisqu'il contient au moins tous les facteurs de ces 4 nombres.

Il est le plus petit car si je supprime un seul facteur, 23, par exemple, il ne sera plus divisible par 1035 qui est un multiple de 23; si je prends seulement 2^2, le nombre que je trouverai ne sera plus divisible par 360 qui est un multiple de 2^3.

CHAPITRE II

FRACTIONS

106. Une **fraction** est une ou plusieurs parties de l'unité divisée en un certain nombre de parties égales.

107. Une fraction est représentée par deux nombres : l'un appelé *dénominateur*, qui indique en combien de parties égales l'unité a été divisée; l'autre *numérateur* qui indique combien on prend de ces parties.

108. Pour écrire une fraction, on place d'abord le nombre qu'exprime le numérateur, on le souligne, puis on écrit le dénominateur au-dessous de ce trait.

109. Pour lire une fraction on énonce le numérateur puis le dénominateur qu'on fait suivre de la terminaison *ième*. Excepté pour les dénominateurs 2, 3, 4, qu'on prononce *demi, tiers, quart*.

Ainsi la fraction $\frac{5}{6}$ s'énoncera cinq sixième et signifiera : par son dénominateur 6, que l'unité a été divisée en 6 parties égales ; et par son numérateur 5, qu'on a pris 5 de ces parties.

110. Le **dénominateur** est donc **un nom, une dénomination**, donnée au numérateur.

111. A la seule inspection d'une fraction, il sera possible de voir si elle est plus petite ou plus grande que l'unité, ou égale à l'unité.

Supposons en effet que l'unité soit représentée par la ligne AB et divisée en 7 parties égales. Chaque partie sera $\frac{1}{7}$.

Si je prends moins de 7 parties, 5 par exemple, la longueur AC représentera $\frac{5}{7}$ de l'unité, et comme AC est plus petit que AB, $\frac{5}{7}$ sera plus petit que l'unité.

112. Une fraction est **plus petite** que l'unité lorsque son numérateur est **plus petit** que son dénominateur.

113. Une fraction est **égale** à l'unité lorsque son numérateur **égale** son dénominateur (voir la figure) : $\frac{7}{7}$ ou AB.

114. Si le numérateur d'une fraction est plus grand que son dénominateur, la fraction prend le nom d'*expression fractionnaire*. On voit aisément qu'une **expression fractionnaire est plus grande** que l'unité : $\frac{9}{7}$ ou AD.

115. Un nombre entier peut toujours être considéré comme une expression fractionnaire dont le dénominateur serait 1.

116. Un *nombre fractionnaire* est un nombre entier accompagné d'une fraction : $4\frac{5}{6}$

Le signe $+$ est sous-entendu entre l'entier et la fraction

$$4\frac{5}{6} \quad \text{signifie} \quad 4 + \frac{5}{6}.$$

117. On voit, d'après ce qui précède que plus le numérateur d'une fraction augmentera et plus la valeur de la fraction augmentera elle-même.

$$\frac{2}{7}\ ,\ \frac{5}{7}\ .\ \frac{7}{7}\ ,\ \frac{9}{7}\ .$$

118. Alors, de plusieurs fractions qui ont même dénominateur, la plus grande est celle qui a le plus grand numérateur.

119. Inversement : De plusieurs fractions qui ont le même numérateur la plus grande est celle qui a le plus petit dénominateur :

$$\frac{3}{4}\ ,\ \frac{3}{7}\ ,\ \frac{3}{11}\ .$$

$$AC\ ,\ AD\ ,\ AE$$

120. Conséquence. — Une fraction varie dans le même sens que son numérateur, et en sens inverse de son dénominateur.

121. Principe 1. — Lorsqu'on multiplie le numérateur seul d'une fraction pas un nombre entier, la fraction devient ce nombre de fois plus grande.

Soit la fraction $\frac{2}{7}$.

Si je multiplie son numérateur par 3, elle deviendra

$$\frac{2 \times 3}{7} = \frac{6}{7}.$$

Il faut démontrer que $\frac{6}{7}$ est trois fois plus grand que $\frac{2}{7}$.

En effet, $\frac{2}{7}$ et $\frac{6}{7}$ indiquent toutes deux que l'unité a été divisée en 7 parties égales ; mais dans $\frac{2}{7}$ on ne prend que 2 de ces parties, tandis que dans $\frac{6}{7}$ on en prend 6, c'est-à-dire 3 fois plus.

$\frac{6}{7}$ est donc trois fois plus grand que $\frac{2}{7}$.

122. Principe II. — **Lorsqu'on multiplie le dénominateur seul d'une fraction pas un nombre entier, la fraction devient ce nombre de fois plus petite.**

Soit la fraction $\frac{2}{7}$

En multipliant son dénominateur par 3, elle devient

$$\frac{2}{7 \times 3} = \frac{2}{21}.$$

Il faut démontrer que $\frac{2}{21}$ est 3 fois plus petit que $\frac{2}{7}$

En effet dans la fraction $\frac{2}{7}$ l'unité est divisée en 7 parties égales ; dans la fraction $\frac{2}{21}$ la même unité est divisée en 21 parties, c'est-à-dire en parties 3 fois plus petites. Et comme dans les 2 cas on prend le même nombre de parties, $\frac{2}{21}$ est bien 3 fois plus petit que $\frac{2}{7}$.

123. Conséquence. — **On ne change pas la valeur d'une fraction lorsqu'on multiplie ses deux termes pas un même nombre.**

$$\frac{2}{7} = \frac{2 \times 3}{7 \times 3}.$$

Il y a compensation. (Principes I et II.)

124. Un raisonnement analogue nous permettrait de démontrer que :

On ne change pas la valeur d'une fraction lorsqu'on divise ses 2 termes par un même nombre.

Ce principe serait la conséquence des deux suivants :

1° Lorsqu'on divise le numérateur seul d'une fraction par un nombre entier, on rend cette fraction ce nombre de fois plus petite.

2° Lorsqu'on divise le dénominateur seul d'une fraction par un nombre entier, on rend cette fraction ce nombre de fois plus grande.

125. Pour rendre une fraction 2 fois plus grande, par exemple, on pourra, ou bien multiplier son numérateur par 2, ou bien diviser son dénominateur par 2.

Ainsi deux valeurs d'une fraction 2 fois plus grande que $\dfrac{5}{6}$

seront $\qquad \dfrac{5 \times 2}{6} = \dfrac{10}{6} \qquad$ et $\qquad \dfrac{5}{6 : 2} = \dfrac{5}{3}$.

Par analogie, deux valeurs d'une fraction 2 fois plus petite que $\dfrac{4}{5}$.

seront $\qquad \dfrac{4 : 2}{5} = \dfrac{2}{5} \qquad$ et $\qquad \dfrac{4}{5 \times 2} = \dfrac{4}{10}$.

126. PRINCIPE. — **Si lo'n ajoute un même nombre aux deux termes d'une fraction ou d'une expression fractionnaire, toutes deux se rapprochent de l'unité (la fraction en augmentant, l'expression fractionnaire en diminuant).**

Si l'on ajoute 2 aux deux termes de la fraction $\dfrac{2}{3}$.

elle devient $$\frac{2+2}{3+2} = \frac{4}{5}.$$

à $\frac{4}{5}$ il manque $\frac{1}{5}$ pour égaler l'unité ;

à $\frac{2}{3}$ il en manque $\frac{1}{3}$

Or $\frac{1}{5}$ est plus petit que $\frac{1}{3}$; donc $\frac{4}{5}$ est plus près de l'unité que $\frac{2}{3}$. Par cela même $\frac{4}{5}$ est plus grand que $\frac{2}{3}$.

Mais si aux deux termes de l'expression $\frac{3}{2}$ j'ajoute 2

je trouve $$\frac{3+2}{2+2} = \frac{5}{4}.$$

$\frac{5}{4}$ surpasse l'unité de $\frac{1}{4}$ ou $= 1 + \frac{1}{4}$

$\frac{3}{2}$ —   de $\frac{1}{2}$ ou $= 1 + \frac{1}{2}$

$\frac{1}{4}$ est plus petit que $\frac{1}{2}$

Donc $\frac{5}{4}$ surpasse moins l'unité que $\frac{3}{2}$; elle est plus près de l'unité,

et par suite est plus petite que $\frac{3}{2}$

127. On démontrerait d'une façon analogue que :

Si on retranche un même nombre aux deux termes d'une fraction ou d'une expression fractionnaire, toutes deux s'éloignent de l'unité (la fraction en diminuant. l'expression fractionnaire en augmentant).

128. Convertir un nombre fractionnaire en une expression fractionnaire. — Soit à convertir $4\frac{2}{5}$ mis pour $4 + \frac{2}{5}$ en expression fractionnaire.

On convertit d'abord l'entier 4 en cinquièmes puis on ajoute les $\frac{2}{5}$.

1 unité contient 5 cinquièmes

4 unités en contiendront 4 fois plus

ou $\qquad 5 \times 4 = 20$ cinquièmes.

$$\frac{20}{5} + \frac{2}{5} = \frac{22}{5}.$$

129. Règle. — *Pour convertir un nombre fractionnaire en expression fractionnaire on multiplie l'entier par un nombre égal au dénominateur de sa fraction ; on ajoute à ce produit le numérateur, et l'on donne à cette somme pour dénominateur le dénominateur de la fraction qui accompagne l'entier.*

130. Convertir une expression fractionnaire en nombre fractionnaire; ou extraire les entiers contenus dans une expression factionnaire.

Soit $\frac{22}{5}$ à convertir en nombre fractionnaire.

Autant de fois 5 cinquièmes (ou 1 unité) seront contenus dans 22 cinquièmes, autant il y aura d'unités

ou $\qquad\qquad 22 : 5 = 4$

On trouve pour reste 2 ; comme le dividende est un nombre de cinquièmes et que le reste est de même nature que le dividende,

on a
$$\frac{22}{5} : 5 = 4 + \frac{2}{5}$$

ou
$$4\frac{2}{5}$$

131. RÈGLE. — *Pour extraire les entiers contenus dans une expression fractionnaire, on divise le numérateur par le dénominateur. Le quotient fournit la partie entière qu'on fait suivre d'une fraction ayant pour numérateur le reste et pour dénominateur un nombre égal au diviseur.*

132. Simplification des fractions. — Simplifier une fraction, c'est la transformer en une fraction ayant même valeur, mais avec des nombres moins forts comme termes.

Pour simplifier une fraction ou la réduire à une plus simple expression, on divise ses deux termes par un même nombre.

Ainsi
$$\frac{8}{12} \quad ; \quad \frac{8:2}{12:2} = \frac{4}{6}$$

$\frac{4}{6}$ est une fraction plus simple que $\frac{8}{12}$;

mais elle n'est pas la plus simple expression de $\frac{8}{12}$.

Pour réduire une fraction à sa plus simple expression, on divise ses 2 termes par leur plus grand commun diviseur.

Soit à réduire à sa plus simple expression :

$$\frac{270}{1035}$$

le plus grand commun diviseur des deux termes est 45.

Il vient, en suivant, la règle :

$$\frac{270 : 45}{1035 : 45} = \frac{6}{23} .$$

La fraction $\frac{6}{23}$ est irréductible ; car ses termes sont évidemment premiers entre eux. (Ils ne peuvent plus contenir d'autre diviseur commun que l'unité.)

133. Réduire plusieurs fractions au même dénominateur. — Réduire des fractions au même dénominateur. c'est les transformer en des fractions équivalentes et ayant toutes le même dénominateur.

Pour réduire plusieurs fractions :

$$\frac{2}{3} \ , \ \frac{3}{4} \ , \ \frac{4}{5} \ , \ \frac{7}{8} .$$

au même dénominateur, on peut multiplier les 2 termes de chaque fraction par le produit des dénominateurs des autres fractions.

$$\frac{2 \times 4 \times 5 \times 8}{3 \times 4 \times 5 \times 8} \ . \ \frac{4 \times 8 \times 3 \times 4}{5 \times 8 \times 3 \times 4}$$

$$\frac{3 \times 5 \times 8 \times 3}{4 \times 5 \times 8 \times 3} \ , \ \frac{7 \times 3 \times 4 \times 5}{8 \times 3 \times 4 \times 5}$$

Ces fractions seront bien équivalentes aux fractions proposées car les deux termes de chaque fraction ont été multipliés par un même nombre.

Elles auront bien même dénominateur, car tous les dénominateurs ne renferment que les mêmes facteurs.

En effectuant les calculs indiqués plus haut, on trouve :

$$\frac{320}{480} \ , \ \frac{360}{480} \ , \ \frac{384}{480} \ , \ \frac{420}{480} .$$

134. Comme on peut prendre pour dénominateur commun un multiple quelconque des dénominateurs, il sera toujours plus avantageux de le prendre le plus petit possible, c'est-à-dire de choisir pour dénominateur commun *le P. P. C. M. des dénominateurs;* ce sera le plus petit *dénominateur commun.*

135. Pour réduire plusieurs fractions à leur plus petit dénominateur commun, on cherchera le P. P. C. M. des dénominateurs. On divisera ce P. P. C. M. par chaque dénominateur et l'on multipliera les deux termes de chaque fraction par le quotient correspondant.

Exemple :

$$\frac{7}{8} \quad , \quad \frac{5}{12} \quad , \quad \frac{1}{24} \quad , \quad \frac{5}{36}$$

le plus P. P. C. M. des dénominateurs est 72

$$72 : 8 = 9 \quad , \quad 72 : 12 = 6 \quad , \quad 72 : 24 = 3 \quad , \quad 72 : 36 = 2$$

$$\frac{7 \times 9}{8 \times 9} = \frac{63}{72} \; , \; \frac{5 \times 6}{12 \times 6} = \frac{30}{72} \; , \; \frac{1 \times 3}{24 \times 3} = \frac{3}{72} \; , \; \frac{5 \times 2}{36 \times 2} = \frac{10}{72} \cdot$$

ADDITION DES FRACTIONS

136. L'addition des fractions a pour but de réunir, en une seule, plusieurs fractions de même nature (de même dénomination, de même dénominateur).

137. 1° Si les fractions données ont le même dénominateur :

$$\frac{3}{4} + \frac{1}{4} + \frac{5}{4}$$

on additionne les numérateurs et l'on donne à la somme le dénominateur commun :

$$\frac{3+1+5}{4} = \frac{9}{4} \, .$$

On extrait les entiers et on réduit la fraction à sa plus plus simple expression, s'il y a lieu.

$$\frac{9}{4} = 2\,\frac{1}{4} \, .$$

138. **2° Si les fractions n'ont pas le même dénominateur,** on les y réduit, et l'on continue comme il est indiqué (1°).

$$\frac{2}{3} + \frac{3}{4} + \frac{1}{12} + \frac{5}{24}$$

ou

$$\frac{16}{24} + \frac{18}{24} + \frac{2}{24} + \frac{5}{24} = \frac{16+18+2+5}{24} = \frac{41}{24} = 1\,\frac{17}{24} \, .$$

139. **S'il se trouve des nombres fractionnaires,** on fait séparément l'addition des entiers et celle des fractions, et l'on ajoute les deux sommes.

SOUSTRACTION DES FRACTIONS

140. La soustraction des fractions a pour but de retrancher l'une de l'autre deux fractions de même nature.

141. **1° Les fractions ont même dénominateur.**

$$\frac{7}{8} - \frac{3}{8} \, .$$

On retranche le numérateur de la fraction à soustraire de l'autre numérateur, et on donne à la différence le dénominateur commun.

$$\frac{7-3}{8} = \frac{4}{8}.$$

On fait les réductions s'il y a lieu.

$$\frac{4}{8} = \frac{1}{2}.$$

142. 2° Si les fractions n'ont pas le même dénominateur, on les y réduit et l'on continue comme il est indiqué (1°).

$$\frac{5}{6} - \frac{7}{15}$$

ou
$$\frac{25}{30} - \frac{14}{30} = \frac{25-14}{30} = \frac{11}{30}.$$

143. 3° Si les quantités à soustraire sont des nombres fractionnaires, on fait séparément la soustraction des entiers et celle des fractions.

$$5\,\frac{5}{6} - 3\,\frac{7}{15}$$

$$5 - 3 = 2$$

$$\frac{25}{30} - \frac{14}{30} = \frac{11}{30}$$

La différence est
$$2\,\frac{11}{30}.$$

144. Mais s'il arrive que la fraction de l'expression à soustraire soit plus forte que la première fraction, on prend une unité au premier nombre fractionnaire, on la convertit en fraction qu'on ajoute à la plus petite

soit
$$5\,\frac{7}{15} - 3\,\frac{5}{6}$$

comme $\dfrac{7}{15}$ est plus petit que $\dfrac{5}{6}$ on modifiera l'opération en :

$$4\,\dfrac{22}{15} - 3\,\dfrac{5}{6}$$

ou
$$4 - 3 = 1$$

$$\dfrac{44}{30} - \dfrac{25}{30} = \dfrac{19}{30}\,.$$

La différence est $\qquad 1\,\dfrac{19}{30}\,.$

MULTIPLICATION DES FRACTIONS

145. La multiplication des fractions a pour but de trouver un produit qui soit au multiplicande ce que le multiplicateur est à l'unité.

$$\text{Soit } \dfrac{5}{6} \times \dfrac{3}{4}$$

Multiplier $\dfrac{5}{6}$ par $\dfrac{3}{4}$ c'est trouver un produit qui soit à $\dfrac{5}{6}$ ce que $\dfrac{3}{4}$ est à l'unité.

Or $\dfrac{3}{4}$ est 3 fois le quart de l'unité, donc le produit sera 3 fois le quart de $\dfrac{5}{6}\,.$

Multiplier $\dfrac{5}{6}$ par $\dfrac{3}{4}$ revient donc à prendre les $\dfrac{3}{4}$ de $\dfrac{5}{6}$

$$\dfrac{1}{4} \text{ de } \dfrac{5}{6} = \dfrac{5}{6 \times 4}$$

$$\dfrac{3}{4} \text{ de } \dfrac{5}{6} = \dfrac{5 \times 3}{6 \times 4}$$

146. D'où la règle générale : **Pour multiplier une fraction par une autre, on fait le produit des numérateurs qu'on divise par le produit des dénominateurs.**

147. Si l'on avait

$$\frac{5}{6} \times 3 \quad \text{ou} \quad 3 \times \frac{5}{6}$$

on ramènerait à

$$\frac{5}{6} \times \frac{3}{1} \quad \text{ou} \quad \frac{3}{1} \times \frac{5}{6} \cdot$$

On appliquerait la règle générale.

148. Si les quantités à multiplier sont des nombres fractionnaires, on les réduit en expressions fractionnaires, et on opère comme pour les fractions.

DIVISION DES FRACTIONS

149. La division des fractions est une opération qui a pour but de trouver un quotient qui, multiplié par le diviseur, reproduise le dividende.

Soit $\dfrac{8}{9} : \dfrac{2}{3} \cdot$

C'est trouver un quotient qui, multiplié par $\dfrac{2}{3}$ reproduise $\dfrac{8}{9} \cdot$

Mais multiplier le quotient par $\dfrac{2}{3}$ c'est prendre les $\dfrac{2}{3}$ du quotient (n° 145).

Si $\dfrac{2}{3}$ du quotient $= \dfrac{8}{9}$

$\dfrac{1}{3}$ —   égalera 2 fois moins

ou $\qquad\qquad\qquad 1^{o}\ \dfrac{8}{9\times 2}\qquad$ ou $\quad 2^{o}\ \dfrac{8:2}{9}$

Et $\dfrac{3}{3}$ du quotient égaleront 3 fois plus

ou $\qquad\qquad\qquad 1^{o}\ \dfrac{8\times 3}{9\times 2}\qquad$ ou $\quad 2^{o}\ \dfrac{8:2}{9:3}$

D'où la règle générale (tirée du 1°) :

150. Pour diviser une fraction par une autre fraction, on multiplie la fraction dividende par la fraction diviseur renversée.

151. Et une règle particulière (tirée du 2°).

On divise les numérateurs entre eux et les dénominateurs entre eux.

Cette dernière règle devra être suivie, mais ne pourra être suivie que chaque fois que les termes de la fraction dividende seront des multiples des termes correspondants de la fraction diviseur.

152. On pourrait encore expliquer l'opération de la division des fractions en suivant ce raisonnement :

Soit à faire la division :

$$\dfrac{8}{9}:\dfrac{2}{3}\ .$$

Si au lieu de diviser $\dfrac{8}{9}$ par $\dfrac{2}{3}$, je divise $\dfrac{8}{9}$ par 2 unités, je trouve (n° 125) :

$$(1)\ \dfrac{8}{9\times 2}\qquad \text{ou}\qquad (2)\ \dfrac{8:2}{9}\ .$$

Mais dans ce cas, j'ai un quotient 3 fois trop faible, puisque j'ai pris un diviseur 3 fois plus grand que celui qui m'était donné $\left(2 \text{ est } 3 \text{ fois plus grand que } \dfrac{2}{3} ; \text{ car } 2,\right.$ c'est $\left.\dfrac{2}{1}\right)$. Pour trouver le véritable quotient, je dois multiplier les fractions précédentes par 3. Elles deviennent alors

$$(1) \quad \frac{8 \times 3}{9 \times 2} \quad \text{ou} \quad (2) \quad \frac{8 : 2}{9 : 3} .$$

D'où l'on tire comme il est énoncé plus haut : de (1) la règle générale ; et de (2) une règle particulière.

153. Si l'on avait :

$$\frac{8}{9} : 2 \quad \text{ou} \quad 2 : \frac{8}{9}$$

on transformerait en

$$\frac{8}{9} : \frac{2}{1} \quad \text{ou} \quad \frac{2}{1} : \frac{8}{9}$$

Et l'on appliquerait l'une des règles indiquées plus haut.

154. Si les quantités à diviser sont des nombres fractionnaires, on les réduit en expressions fractionnaires et l'on opère comme pour les fractions.

Convertir une fraction ordinaire en fraction décimale et réciproquement.

155. Pour réduire une fraction ordinaire en fraction décimale, **on effectue la division du numérateur par le dénominateur.**

En faisant cette opération on peut trouver :
1° Soit un quotient *décimal exact* :

$$\frac{4}{5} = 0,8.$$

2° Une fraction décimale *périodique simple* :

$$\frac{4}{11} = 0,36\ 36\ 36\ 36\ldots$$

3° Une fraction décimale *périodique mixte* :

$$\frac{24}{55} = 0,4\ 36\ 36\ 36\ 36\ldots$$

La fraction décimale est dite *périodique* lorsque les mêmes chiffres se reproduisent constamment dans le même ordre ; la *période* est 36. Elle est *simple*, lorsque la période commence immédiatement après la virgule (2°) ; elle est *mixte* dans le cas contraire (3°).

Convertir une fraction décimale en fraction ordinaire.

156. 1° Pour convertir une fraction décimale en fraction ordinaire, on prendra pour numérateur la partie décimale, et pour dénominateur l'unité suivie d'autant de zéros qu'il y aura de chiffres dans la partie décimale.

$$0,8 = \frac{8}{10}\ .$$

Cela résulte de la définition même des fractions.

157. 2° La fraction décimale donnée est périodique simple :

$$0,\ 36\ 36\ 36\ 36\ldots$$

Soit F la fraction ordinaire cherchée, équivalente à la fraction décimale donnée.

On doit avoir :

(1) $\qquad\qquad$ F $= 0,\ 36\ 36\ 36\ 36\ldots$

Je multiplie par 100 les deux termes de cette égalité, pour rendre entière la première période. On trouve :

$$(2) \qquad 100\,F = 36,\ 36\ 36\ 36\ldots..$$

Retranchons ces égalités membre à membre (2) — (1).

$$
\begin{aligned}
(2) \qquad 100\,F &= 36,\ 36\ 36\ 36\ldots. \\
(1) \qquad F &= 0,\ 36\ 36\ 36\ 36\ldots. \\
\hline
99\,F &= 36,\ 00\ 00\ 00\ 36
\end{aligned}
$$

Soustraction que je dois faire nécessairement par la gauche dans les 2es membres puisque la partie décimale n'a pas de limites à droite.

Mais la partie décimale 36 est relativement près de la partie entière parce que j'ai pris un nombre limité de périodes ; si j'avais pris, ce qui est vrai, un nombre infini de périodes, la partie décimale 36 se serait trouvée infiniment loin de la partie entière ; elle pourra donc être négligée sans entraîner aucune erreur. Il reste alors :

$$99\,F = 36$$

d'où
$$F = \frac{36}{99}$$

158. RÈGLE. — *La fraction ordinaire, génératrice d'une fraction périodique simple, a pour numérateur une période, et pour dénominateur, autant de 9 qu'il y a de chiffres à la période.*

159. 3° La fraction décimale donnée est periodique mixte.

$$0,\ 436\ 36\ 36\ 36\ldots..$$

Soit F la fraction ordinaire cherchée. On doit avoir :

$$(1) \qquad F = 0,\ 436\ 36\ 36\ 36\ldots..$$

Multiplions ces deux termes par 1000 pour faire sortir comme partie entière la première période et la partie non périodique :

$$(2) \qquad 1000\,F = 436,\ 36\ 36\ 36\ldots$$

Multiplions la même égalité (1) par 10 pour faire sortir la partie non périodique :

(3) $\qquad$ 10 F = 4. 36 36 36 36...

Retranchons (3) de (2)

$$
\begin{aligned}
1000\ F &= 436,\ 36\ 36\ 36... \\
10\ F &= 4,\ 36\ 36\ 36\ 36... \\
\hline
990\ F &= 432,\ 00\ 00\ 00\ 36 \\
&(436 - 4)
\end{aligned}
$$

Un raisonnement analogue à celui de la démonstration précédente nous montrera qu'on peut rigoureusement supprimer la partie décimale. Il reste :

$$990\ F = 436 - 4$$

d'où $$F = \frac{436 - 4}{990}$$

160. RÈGLE. — *La fraction ordinaire, génératrice d'une fraction périodique mixte, a pour numérateur la partie non périodique suivie de la première période, moins la partie non périodique ; et pour dénominateur autant de 9 que de chiffres dans la période, suivis d'autant de zéros que de chiffres dans la partie non périodique.*

OPÉRATIONS DES NOMBRES DÉCIMAUX

Considérés comme des expressions fractionnaires.

161. Addition. — Soit à additionner les nombres décimaux :

$$2,5 + 42,53 + 9,536 + 4,3$$

Convertis en expressions fractionnaires ils deviennent :

$$\frac{25}{10} + \frac{4253}{100} + \frac{9536}{1000} + \frac{43}{10}$$

Il faut les réduire au même dénominateur 1000 et les additionner :

$$\frac{2500}{1000} + \frac{42530}{1000} + \frac{9536}{1000} + \frac{4300}{1000} = \frac{58866}{1000}$$

Et enfin, convertir en nombre décimal :

$$58,866$$

162. Soustraction. — Soit à faire la soustraction :

$$72,4 - 5,58$$

Il vient

$$\frac{724}{10} - \frac{558}{100}$$

Ou

$$\frac{7240}{100} - \frac{558}{100} = \frac{6682}{100}$$

Et enfin 66,82.

163. Multiplication. — Soit à effectuer :

$$7,45 \times 32,3$$

Il vient

$$\frac{745}{100} \times \frac{323}{10} = \frac{745 \times 323}{100 \times 10}$$

Ou

$$\frac{240635}{1000} = 240,635$$

On voit que lorsqu'on multiplie un nombre de centièmes par un nombre de dixièmes on trouve un nombre de millièmes.

164. Division. — Soit à effectuer :

$$87,95 : 32,4$$

Il vient

$$\frac{8795}{100} : \frac{324}{10}$$

Multipliant la fraction dividende par la fraction diviseur renversée

on trouve
$$\frac{8795 \times 10}{100 \times 324} = \frac{87950}{32400} \cdot$$

Ou, divisant les deux termes par 10 pour simplifier la fraction :

$$8795 : 3240,$$

on trouve alors cette règle générale :

165. Pour faire une division de nombre décimaux, on égalise, en ajoutant un ou plusieurs zéros, le nombre des chiffres décimaux du dividende et du diviseur, on supprime les virgules, et l'on opère sur les nombres devenus entiers.

EXTRACTION DE LA RACINE CARRÉE

166. Rappelons que le *carré* d'un nombre est le produit de ce nombre par lui-même :

$$5^2 = 5 \times 5 = 25.$$

167. La *racine carrée d'un nombre proposé* est le nombre qui multiplié par lui-même reproduise le nombre proposé. Le signe de l'extraction de la racine carrée est $\sqrt{}$

Ainsi $\qquad \sqrt[2]{25}$ est 5

parce que $\qquad 5 \times 5 = 25.$

168. 1° Extraire à une unité près, la racine carrée d'un nombre plus petit que 100.

Il suffit de chercher dans la table de multiplication le nombre dont le carré égale le nombre proposé ou s'en approche le plus en moins.

Ainsi
$$\sqrt[2]{64} = 8$$
$$\sqrt[2]{40} = 6 \text{ à une unité près.}$$

C'est-à-dire qu'elle est comprise entre 6 et 7.

169. 2º Extraire la racine carrée d'un nombre entier plus grand que 100.

Soit
$$\sqrt[2]{6423047}.$$

On dispose l'opération comme il suit en appliquant la règle :

6.42.30.47	2534 Racine.
24.2	
17 3.0	45×5
22 1 4.7	503×3
18 9 1	5064×4

170. Règle. — *Pour trouver à une unité près la racine carrée d'un nombre, on le partage de droite à gauche en tranches de 2 chiffres. (La dernière tranche à gauche peut n'avoir qu'un chiffre.) On cherche la racine de la dernière tranche à gauche ; et l'on a ainsi le 1er chiffre à gauche de la racine.*

On soustrait de la 1re tranche le carré du 1er chiffre de la racine. A la droite du reste on abaisse la tranche suivante du nombre proposé.

On divise les dizaines du nombre ainsi formé par le double du nombre inscrit à la racine. Le quotient est le chiffre suivant de la racine ou un chiffre trop fort. Pour essayer ce quotient on l'écrit à droite du diviseur qui l'a fourni ; on multiplie le nombre ainsi formé par le chiffre à éprouver ; si l'on peut retrancher ce produit du nombre formé par le premier reste suivi de la seconde tranche du nombre donné, le chiffre est le bon ; sinon il est trop fort. On le diminue alors d'une ou de plusieurs unités et on éprouve les chiffres diminués, comme il vient d'être dit. Quand on a trouvé le chiffre conve-nable, on le porte à la racine à droite du premier.

Pour trouver le troisième chiffre de la racine, à droite du dernier reste, on abaisse la tranche suivante du nombre proposé, on divise les dizaines du nombre ainsi formé par le double du nombre trouvé à la racine ; le quotient éprouvé est le chiffre suivant de la racine.

On continue ainsi jusqu'à ce qu'on ait abaissé et employé toutes les tranches du nombre donné.

Si un dividende était moindre que le diviseur correspon-dant, le chiffre à placer à la racine serait un zéro. On abais-serait une nouvelle tranche et on continuerait à appliquer la règle.

PREUVE. — Pour faire la preuve de l'extraction de la racine carrée d'un nombre ; on fait le carré de la racine, on y ajoute le dernier reste, et l'on doit retrouver le nom-bre proposé.

171. REMARQUE I. — Le reste ne doit jamais surpasser le double du nombre qui figure à la racine, dans le cas contraire, le chiffre essayé est trop faible.

172. II. — La racine a autant de chiffres que le nombre dont on l'a extraite avait de tranches.

Ainsi $\quad \sqrt[2]{\overline{5.23.46.28}} \quad$ aura 4 chiffres.

173. Racine carrée des nombres déci-maux. — On rend pair le nombre des chiffres décimaux (s'il ne l'est déjà) en ajoutant un zéro. On opère ensuite comme si le nombre était entier. Mais au résultat, on sé-pare autant de chiffres décimaux qu'il y a de tranches dans la partie décimale du nombre dont on a extrait la racine.

Ainsi $\quad \sqrt[2]{\overline{34263,456}} = \sqrt[2]{\overline{3.42.63,45.60}} \cdot$

La racine aura 2 chiffres à sa partie décimale (voir remarque II).

174. Racine carrée d'un nombre à moins d'une unité décimale donnée.

Soit à extraire $\sqrt[2]{3}$ à 0,001 près.

On ajoutera sur la droite de 3 autant de tranches de zéros qu'on veut obtenir de chiffres décimaux et on continuera l'opération comme si le nombre était décimal.

$\sqrt{3}$ à 0,001 près, se modifie en $\sqrt[2]{3,00\ 00\ 00}$.

175. Racine carrée d'une fraction. — Pour extraire la racine carrée d'une fraction, on peut, ou extraire la racine carrée de la fraction décimale équivalente, ou extraire la racine carrée de ses deux termes

$$\sqrt[2]{\frac{8}{11}} = \frac{\sqrt[2]{8}}{\sqrt[2]{11}} \cdot$$

CHAPITRE III

SYSTÈME MÉTRIQUE DÉCIMAL

176. Le système métrique est l'ensemble des mesures qui ont pour base **le mètre**, unité fondamentale.

177. L'Assemblée nationale décréta, le 8 mai 1790, la suppression de l'ancien système des mesures françaises; elle chargea une commission, dans laquelle figuraient

Berthollet, Lagrange, Delambre, Laplace, Méchain, de présenter un nouveau système de mesures.

L'emploi de ces mesures fut définitivement rendu obligatoire à partir du 1er janvier 1840.

178. Les principaux avantages du nouveau système sont d'abord : le choix qui a été fait d'une unité fondamentale rigoureusement invariable, le mètre; puis la division des unités secondaires en parties de 10 en 10 fois plus petites ou plus grandes, ce qui donne plus de facilité dans les calculs.

UNITÉS DE LONGUEURS

179. Le **mètre**, unité de longueur, est la dix-millionième partie du quart du méridien terrestre, ou $\dfrac{1}{40.000.000}$ du méridien * tout entier.

---

* On appelle *méridien*, ou plus exactement *méridienne* d'un lieu A, la circonférence passant par ce lieu et par les deux pôles de la terre.

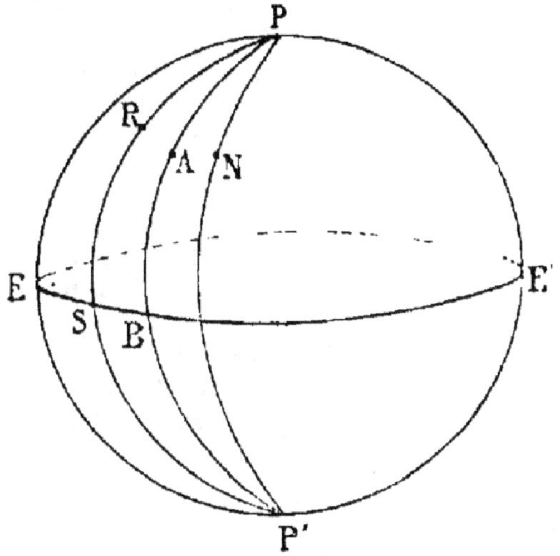

L'*équateur* est la circonférence du cercle perpendiculaire aux méridiens et passant par le centre de la terre.

La *latitude* d'un lieu, Rennes, par exemple, est l'arc du méridien de Rennes compris entre ce lieu et l'équateur : RS. Les latitudes sont boréales et australes, soit, pour Rennes, environ 48° de latitude boréale.

La *longitude* d'un lieu R est l'arc d'équateur compris entre le méridien de Paris (origine des

180. Le mètre a tous ses *multiples* et tous ses *sous-multiples*. Ses multiples sont :

Décamètre, *hectomètre*, *kilomètre*, *myriamètre*, qui signifient :

10 mètres, 100 mètres, 1.000 mètres, 10.000 mètres. Ses sous-multiples sont :

Décimètre, *centimètre*, *millimètre*, qui signifient :

$$0^m,1 \quad , \quad 0^m,01 \quad , \quad 0^m,001.$$

181. On remarque que toutes ces unités sont de 10 en

---

méridiens) et le méridien du lieu. Les longitudes sont orientales ou occidentales, soit, pour Rennes, environ 4° de longitude occidentale : BS.

Le mot *midi* signifie moitié du temps pendant lequel il fait jour dans une journée de 24 heures.

Il est *midi* en un lieu lorsque le méridien de ce lieu passe devant le centre du soleil.

(Ce n'est pas exactement ce midi que marquent nos horloges, mais c'est ailleurs que nous apprendrons la différence entre le temps vrai et le temps moyen).

La terre tournant de l'ouest vers l'est, le méridien d'un lieu situé à l'est de Paris A, Nancy N, par exemple, passera devant le soleil avant celui de Paris ; il sera donc midi plus tôt à Nancy qu'à Paris. Pour trouver de combien de minutes l'heure de Nancy avance sur celle de Paris, il faut calculer le temps que la terre met à tourner de 4° (longitude de Nancy), en sachant qu'elle fait un tour complet de 360° en 24 heures.

Soit $\dfrac{24 \times 4}{360} = 16$ minutes.

Lorsqu'il sera midi à Paris, il sera donc midi 16 minutes à Nancy ; mais midi moins 16 ou 11 heures 44 minutes à Rennes (4° de longitude occidentale).

Connaissant les latitudes de deux villes situées sur un même méridien, on peut facilement calculer la distance de ces deux villes, en se rappelant que le méridien tout entier, qui renferme 360 degrés, a 40.000.000 de mètres.

La longueur de 1 degré est donc

$$\frac{40.000.000}{360} = 111.111 \text{ mètres...}$$

10 fois plus grandes ou plus petites; qu'il faut alors un chiffre pour représenter chaque ordre d'unités :

12 mètres 4 centimètres s'écrivent : $12^m,04$.

182. Mesures effectives ou réelles. — On appelle mesures effectives ou réelles des mesures qui sont construites, qu'on peut voir, dont on peut se servir dans le commerce et l'industrie : comme le mètre en bois, le stère, le litre, etc.

Les autres mesures, qui ne sont employées généralement que dans le calcul, qui n'existent pas réellement, elles sont dites **mesures fictives :** le mètre carré, l'are, le mètre cube, etc.

Les principales mesures effectives ou réelles du mètre sont :

Le *mètre* droit ou pliant.

Le *décamètre* (chaîne d'arpenteur).

Le *double-décamètre.*

Le *décimètre* et le *double-décimètre* (employés pour le dessin linéaire).

UNITÉS DE SURFACES

183. Le **mètre carré**, unité principale des surfaces, est un carré construit sur le mètre, unité de longueur.

Ses multiples sont :

Décamètre carré, hectomètre carré, kilomètre carré, myriamètre carré.

Ses sous-multiples sont :

Décimètre carré, centimètre carré, millimètre carré.

184. Dans ces mesures de surface, les diverses unités sont de 100 en 100 fois plus grandes; car décimètre carré ne veut pas dire 0,1 de mètre carré, mais signifie un carré de 0^m,1 de côté.

Il est facile de voir qu'un tel carré est contenu 10 fois dans la base du mètre carré ; 10 fois dans sa hauteur ; donc 100 fois dans sa surface.

185. Il faut donc deux chiffres pour représenter chaque ordre d'unités (car on ne peut écrire que 99 unités de chaque ordre).

12 mètres carrés 4 centimètres carrés s'écrivent 12^{mq},0004.

186. Are. — L'*are* est une surface employée au mesurage des champs, il équivaut à 100 mètres carrés ou à 1 *décamètre carré.*

Son multiple est l'*hectare*, qui équivaut à 100 *ares* ou à l'*hectomètre carré.*

Son sous-multiple est le *centiare*, qui équivaut à 0^{are},01 ou à 1 *mètre carré.*

UNITÉS DE VOLUMES

187. Le **mètre cube**, unité des volumes, est un cube qui a un 1 mètre d'arête ou de côté.

Son seul multiple est le *myriamètre cube* employé pour exprimer le volume de la terre.

Ses sous-multiples sont :

Décimètre cube, centimètre cube, millimètre cube.

188. Le décimètre cube est un cube construit sur $0^m,1$ de longueur.

Il est facile de se rendre compte qu'un tel cube est contenu 1000 fois dans l'unité principale : mètre cube.

189. Dans ces mesures de volumes, les unités sont de 1000 en 1000 fois plus grandes ou plus petites. Il faut donc trois chiffres pour représenter chaque ordre d'unités (car on ne peut écrire que 999 unités de chaque ordre).

12 mètres cubes 4 centimètres cubes s'écrivent : $12^{mc},000.004$.

190. **Stère**. — Le *stère* est une unité de volume employée au mesurage des bois de chauffage. Il équivaut à 1 mètre cube.

C'est une mesure formée de *deux montants* verticaux fixés dans une base horizontale appelée *sole*. Les dimensions du stère sont :

Longueur de sole comprise entre les deux montants, 1 mètre.

Hauteur utile des montants, $0^m,88$.

Longueur des bûches, 1^m14.

Ses multiple et sous-multiple sont :

Décastère ou 10 *stères* et *décistère* ou $0^s,1$.

Les mesures effectives en usage pour le bois de chauffage sont : le *stère*, le *double-stère* et le *demi-décastère* (5 stères).

191. Litre. — Le *litre* est l'unité des mesures de capacité ; il équivaut au volume de 1 *décimètre cube*.

Ses multiples et sous-multiples généralement employés sont :

Décalitre, hectolitre, qui signifient : 10 *litres*, 100 *litres*.
Décilitre, centilitre, qui signifient $0^l,1$; $0^l,01$.

Les unités, dans ces mesures, sont de 10 en 10 fois plus petites ou plus grandes.

192. Les mesures effectives de capacité reconnues par la loi sont au nombre de 13, savoir :

L'hectolitre.	. . . .	100 litres	Le double litre	. . .	2 litres
Le demi-hectolitre.	50	—	Le litre	1	—
			Le demi-litre	$0^l,5$	
Le double décalitre.	20 litres		Le double décilitre. .	$0^l,2$	
Le décalitre	10	—	Le décilitre	$0^l,1$	
Le demi-décalitre .	5	—	Le demi-décilitre . .	$0^l,05$	

Le double centilitre.	$0^l,02$
Le centilitre.	$0^l,01$

UNITÉS DE POIDS

193. Le gramme, unité de poids, est le poids d'un *centimètre cube d'eau distillée*, pesée à la température de 4° (dans le vide, sous la pression de 760 millimètres, et sous le 45ᵉ degré de latitude).

Ses multiples sont :

Décagramme, qui vaut 10 grammes.
Hectogramme, — 100 grammes.
Kilogramme, — 1.000 grammes.
Myriagramme, — 10.000 grammes.
Quintal métrique, — 100.000 grammes ou 100 kil.
Tonne métrique, — 1.000.000 grammes ou 1.000 kil.

Ses sous-multiples sont :

Décigramme, centigramme, milligramme, qui signifient :
0^g,1 ; 0^g,01, ; 0^g,001.

194. **Les mesures effectives de poids** sont au nombre de 24, savoir :

50 *kilogrammes*.	2 *grammes*.
20 —	1 —
10 —	1/2 *gramme* (5 *décigrammes*).
5 —	
2 —	2 *décigrammes*.
1 —	1 —
1/2 *kilogramme* (500 *gram*.).	1/2 *décigramme* (5 *centigr*.).
2 *hectogrammes*. (200 *gram*.).	2 *centigrammes*.
1 — (100 *gram*.).	1 —
1/2 *hectogramme* (50 *gram*.).	1/2 *centigramme* (5 *milligr*.).
2 *décagrammes*. (20 *gram*.).	2 *milligrammes*.
1 —	1 —
1/2 *décagramme* (5 *grammes*).	

Pour peser les pierres précieuses, on emploie comme unité le *carat*, qui pèse 0^g,2058.

195. Il est facile de voir que 1 litre d'eau pèse 1 kilogramme, car 1 litre peut contenir 1,000 centimètres cubes d'eau pure pesant chacun 1 gramme.

De même 1 mètre cube d'eau pure pèse 1.000 kilogrammes, car il contient 1.000 litres.

196. La *densité* d'un corps solide ou liquide est le nombre qui exprime en kilogrammes le poids d'un décimètre cube de ce corps ; ou en grammes le poids d'un centimètre cube. (Voir la *Physique.*)

Si la densité du fer est 7, cela signifie que 1 décimètre cube de fer pèse 7 kilogrammes, ou que 1 centimètre cube de fer pèse 7 grammes.

UNITÉS MONÉTAIRES

197. Le **franc**, unité des monnaies, est la valeur de 5 grammes d'argent monnayé.

Ses multiples n'ont pas de noms particuliers, on dit 10 francs, 100 francs.

Son sous-multiple est le *centime*, 0^f,01. Au lieu de décime, on dit généralement 10 centimes.

Les monnaies sont en or, en argent combinés au cuivre et en bronze.

198. On appelle *titre* d'un alliage le *rapport* entre le poids du métal fin et le poids total de l'alliage.

$$\text{Titre} = \frac{\text{Poids du métal fin}}{\text{Poids total de l'alliage}}.$$

Les pièces d'argent de 0^f,20, 0^f,50, 1 franc et 2 francs sont au titre de

$$\frac{835}{1000}.$$

Les pièces d'argent de 5 francs et toutes les pièces d'or sont au titre de

$$\frac{9}{10}.$$

199. Dans ces dernières pièces ou dans un lingot de

même titre, *le poids total est* 10 ; *le poids du métal fin est* 9 ; *celui du cuivre* 1.

Il y a donc 10 *fois plus de poids total que de cuivre et* 9 *fois plus de métal fin que de cuivre.*

200. On peut calculer la valeur d'un poids quelconque d'or ou de bronze; ou le poids d'une valeur quelconque d'or ou de bronze en sachant que, *à poids égal, l'or vaut* 15 *fois* 1/2 *plus que l'argent, et le bronze* 20 *fois moins que l'argent.*

201. Les **monnaies effectives** sont de trois espèces : la *monnaie d'or*, celle d'*argent* et celle de *bronze*, savoir :

NATURE DES PIÈCES		POIDS	TITRE	DIAMÈTRE
Or	100 fr.	32^{gr},258		35 millimètres
	50 fr.	16^{gr},129		28 —
	20 fr.	6^{gr},452	0,900	21 —
	10 fr.	3^{gr},226		19 —
	5 fr.	1^{gr},613		17 —
Argent	5 fr.	25 grammes	0,900	37 millimètres
	2 fr.	10 —	0,835	27 —
	1 fr.	5 —	—	23 —
	0^f,50	2^{gr},5	—	18 —
	0^f,20	1 gramme	—	16 —
Bronze [1]	0^f,10	10 grammes		30 millimètres
	0^f,05	5 —		25 —
	0^f,02	2 —		20 —
	0^f,01	1 —		15 —

1. Le bronze des monnaies est formé en poids de 95 parties de cuivre, 4 d'étain et 1 de cuivre.

Anciennes mesures que le système métrique a remplacées.

LONGUEURS

202. *La toise de Paris valait* 1^m,949.
La toise valait 16 *pieds.*
1 *pied* (0^m,325) *valait* 12 *pouces.*
1 *pouce valait* 12 *lignes* (*chaque ligne valait* 12 *points*).

C'est à l'aide de la toise que Méchain et Delambre mesurèrent l'arc du méridien de Paris, compris entre Dunkerque et Barcelone, qui leur permit de trouver la longueur du méridien tout entier.

SURFACES

203. *Arpent de Paris :* 100 *perches de Paris.*
Arpent des eaux et forêts : 100 *perches des eaux et forêts.*
Perche de Paris : carré dont le côté avait 18 *pieds.*
Perche des eaux et forêts : carré dont le côté avait 22 *pieds.*

NOMBRES COMPLEXES

204. Le système décimal n'a pas été adopté d'une façon absolue; des vestiges de l'ancien système nous sont restés et continuent à être en usage pour la mesure du temps et pour celle de la circonférence.

On appelle *nombres complexes* ces nombres qui ne suivent pas, dans la formation de leurs multiples et sous-multiples, les règles de la numération décimale :

Ainsi $5^h\ 20^m\ 12^s.$

Pour les calculs, on pourrait à la rigueur, convertir les minutes qui sont des soixantièmes d'heure en fractions ordinaires et transformer le nombre complexe en nombre fractionnaire. On préfère, et c'est plus expéditif, faire directement les opérations sur les nombres restés complexes.

205. Addition.

$$
\begin{array}{ccc}
12^h & 32^m & 52^s \\
8^h & 46^m & 12^s \\
\hline
21^h & 19^m & 4^s
\end{array}
$$

L'opération s'explique en se rappelant que 60 unités d'un ordre valent 1 unité de l'ordre immédiatement supérieur; et qu'on n'écrit sous chaque somme partielle qu'un nombre inférieur à 60 pour les secondes et les minutes; inférieur à 24 pour les heures, etc.

206. Soustraction.

$$
\begin{array}{ccc}
27^\circ & 15' & 23'' \\
4^\circ & 25' & 40''
\end{array}
$$

L'opération se modifie en celle-ci :

$$
\begin{array}{ccc}
26^\circ & 74' & 83'' \\
4^\circ & 25' & 40'' \\
\hline
22^\circ & 49' & 43''
\end{array}
$$

Soustraction qu'on fait par emprunt.

207. Multiplication.

$$
\begin{array}{ccc}
12^\circ & 45' & 25'' \\
& & 5 \\
\hline
60^\circ & 225' & 125''
\end{array}
$$

Et produit modifié

$$63^{\circ} \quad 47' \quad 5''$$

208. Division.

```
8 mois              23 jours          20 heures            45ᵐ6 | 5
3×30 = 90j.+23 = 113 jours                                      | 1 m. 22 j. 18 h. 3
                    13
                    3×24 = 72ʰ+20 = 92 heures
                           42
                           2×60 = 120ᵐ+45,6 = 165ᵐ6
                                               15
                                                6
                                               10
                                                0
```

Opération qui s'explique ainsi :

On divise d'abord

$$\text{8 mois par 5} \qquad \begin{array}{c|c} 8^{m} & 5 \\ 3 & 1 \end{array}$$

Le quotient est 1 mois, le reste est 3 mois (le dividende, le quotient et le reste sont des nombres de même nature). Le reste 3 mois converti en jours donne

$$3 \times 30 = 90 \text{ jours}$$

qui ajoutés aux 23 jours du dividende donnent 113 jours.

113 jours divisés par 5 fournissent 22 jours comme quotient et 2 jours pour reste ; ceux-ci convertis en heures et ajoutés aux 20 heures du dividende donnent 92ʰ, etc.

Conversion des nombres complexes en nombres fractionnaires ou en nombres décimaux.

209. 1º Soit à convertir 3 ans 45 jours en un nombre fractionnaire.

$$1 \text{ jour est } \frac{1}{365} \text{ d'année}$$

$$45 \text{ jours seront } \frac{45}{365} \text{ d'année.}$$

$$3 \text{ ans } 45 \text{ jours} = 3 \text{ ans } \frac{45}{365} = 3 \text{ ans } \frac{9}{73}.$$

Autre exemple : **Convertir 5 heures 25 minutes en un nombre fractionnaire.**

$$1 \text{ minute est } \frac{1}{60} \text{ d'heure}$$

$$25 \text{ minutes seront } \frac{25}{60} \text{ d'heure.}$$

$$5 \text{ heures } 25 \text{ minutes} = 5^h \frac{25}{60} = 5^h \frac{5}{12}.$$

Un raisonnement analogue nous montrerait la vérité des égalités suivantes :

$$1^h 15^m = 1^h \frac{1}{4} \quad ; \quad 1^h 20^m = 1^h \frac{1}{3} \quad ; \quad 1^h 30 = 1^h \frac{1}{2} :$$

$$1^h 45^m = 1^h \frac{3}{4}, \text{ etc...}$$

210. 2° **Convertir 8 heures 35 minutes en un nombre décimal.**

Nous venons de voir que

$$8^h 35^m = 8^h \frac{35}{60} = 8^h \frac{7}{12}.$$

Il suffit de convertir la faction ordinaire $\frac{7}{12}$ en fraction décimale avec une approximation aussi grande qu'on le désire et d'ajouter cette fraction décimale à la suite de la partie entière 8, en séparant ces deux parties par une virgule.

Ainsi

$$8^h 35^m = 8^h\,\frac{7}{12} = 8^h,5833\ldots$$

$$\begin{array}{r|l} 70 & 12 \\ 100 & \overline{0,583\ldots} \\ 40 & \\ 4 & \end{array}$$

RAPPORTS — PROPORTIONS

211. On appelle **rapport** de deux nombres, le quotient de ces 2 nombres.

Ainsi, le rapport de 7 à 8 est :

$$\frac{7}{8}\,.$$

écrit sous forme de fraction.

212. Un **rapport** est une *fraction*, tout ce qui est relatif à celle-ci s'applique également au rapport.

213. Une proportion est l'égalité de 2 rapports.

Si $\dfrac{7}{8}$ est égal à $\dfrac{14}{16}$

l'égalité $\dfrac{7}{8} = \dfrac{14}{16}$ est une proportion qui s'énonce : 7 est à 8 comme 14 est à 16.

Les premier et dernier nombres énoncés 7 et 16 sont les *extrêmes ;* les deux autres 8 et 14 sont les *moyens*.

214. Principe. — *Dans toute proportion, le produit des extrêmes est égal à celui des moyens.*

Soit la proportion $\dfrac{7}{8} = \dfrac{14}{16}$

Il faut démontrer $7 \times 16 = 14 \times 8$.

En effet, réduisant les deux rapports donnés au même dénominateur, on trouve

$$\frac{7 \times 16}{8 \times 16} = \frac{14 \times 8}{16 \times 8}$$

Si deux fractions qui ont même dénominateur sont égales, leurs numérateurs le sont aussi.

donc
$$7 \times 16 = 14 \times 8.$$

215. **Chercher la quatrième proportionnelle** à trois nombres donnés, c'est trouver le quatrième terme d'une proportion dont les trois premiers termes sont les nombres donnés.

La quatrième proportionnelle à 7, 8, 14 se trouvera en disposant l'opération comme il suit :

$$\frac{7}{8} = \frac{14}{x}$$

d'où
$$7 \times x = 8 \times 14$$

en observant le principe précédent

et
$$x = \frac{8 \times 14}{7} = 16.$$

La quatrième proportionnelle est égale au produit des deux moyens divisé par l'extrême connu.

216. La **troisième proportionnelle** à deux nombres donnés est le quatrième terme d'une proportion dont les deux moyens sont égaux.

La troisième proportionnelle à 2 et 8 est :

$$\frac{2}{8} = \frac{8}{x}$$

$$x = \frac{8 \times 8}{2} = 32.$$

217. La **moyenne proportionnelle** à deux nombres

4.

donnés est le nombre qui formerait les deux moyens égaux d'une proportion dont les deux nombres donnés sont les extrêmes.

La moyenne proportionnelle à 2 et 32.

s'exprime
$$\frac{2}{x} = \frac{x}{32}$$

d'où
$$x^2 = 2 \times 32$$

et
$$x = \sqrt[2]{2 \times 32} = 8.$$

La moyenne proportionnelle à deux nombres donnés est égale à la racine carrée du produit de ces deux nombres.

218. La **moyenne arithmétique** *de plusieurs quantités est égale au quotient de leur somme par le nombre des quantités.*

Exemple : la moyenne arithmétique des quatre nombres : 10, 11, 8, 7.

sera
$$\frac{10 + 11 + 8 + 7}{4} = 9.$$

219. Deux grandeurs sont **directement proportionnelles** lorsque l'une augmentant ou diminuant, l'autre augmente ou diminue dans la même proportion.

Ainsi, la longueur d'une étoffe et son prix.

10 mètres d'étoffe coûtent 10 fois plus qu'un mètre de la même étoffe.

220. Deux grandeurs sont **inversement proportionnelles** lorsque l'une augmentant ou diminuant, l'autre diminue ou augmente dans la même proportion.

Ainsi le nombre des ouvriers et le temps qu'ils doivent mettre à faire un ouvrage.

10 ouvriers mettront 10 fois moins de temps qu'un seul ouvrier pour faire le même ouvrage.

Cette variation de deux grandeurs correspondantes est très importante à observer dans la résolution des problèmes.

RÈGLE DE TROIS

221. La *règle de trois* est le procédé qui enseigne à résoudre les problèmes dans lesquels l'inconnue peut être considérée comme le 4° *terme* d'une proportion, dont trois nombres donnés dans le problème sont les *trois premiers termes*.

222. La règle de trois est *directe* si les quantités correspondantes sont directement proportionnelles. Elle est *inverse* dans le cas contraire.

223. La règle de trois est *simple* si chacun des termes qui constituerait la proportion ne contient qu'un seul nombre. Elle est *composée* dans le cas contraire.

224. Exemple : 15 *mètres de soie coûtent* 180 *francs; combien coûteraient* 8 *mètres de cette soie?*

Ces grandeurs sont directement proportionnelles, on peut écrire :

$$\frac{15}{8} = \frac{180}{x}$$

d'où $\qquad 15\,x = 180 \times 8 \quad$ et $\quad x = \dfrac{180 \times 8}{15} = 96.$

Les 8 mètres de soie coûtent 96 francs.

Ces problèmes se résolvent plus généralement par la méthode de réduction à l'unité.

Exemple sur le problème précédent.

Disposition des données,

$$15 \text{ mètres} \qquad 180 \text{ francs.}$$
$$8 \; — \qquad\qquad x$$

Si 15 mètres coûtent 180 francs,

$$1 \; — \quad \text{coûtera} \; 15 \text{ fois moins.}$$

ou
$$\frac{180}{15}$$

et 8 mètres coûteront 8 fois plus

ou
$$\frac{180 \times 8}{15} = 96 \text{ francs.}$$

225. AUTRE EXEMPLE : *20 ouvriers ont mis 15 jours pour faire un certain ouvrage ; combien 6 ouvriers auraient-ils mis de jours pour faire le même ouvrage?*

Disposition des données :

$$20 \text{ ouvriers} \qquad 15 \text{ jours}$$
$$6 \; — \qquad\qquad x$$

Les quantités sont ici inversement proportionnelles on aura

$$\frac{20}{6} = \frac{x}{15}$$

d'où
$$6\,x = 20 \times 15$$

et
$$x = \frac{20 \times 15}{6} = 50 \text{ jours.}$$

Ce même problème résolu par la méthode de réduction à l'unité se dispose comme il suit :

Si 20 ouvriers ont mis 15 jours pour faire l'ouvrage

$$1 \; — \quad \text{mettra} \; 20 \text{ fois plus de temps}$$

ou
$$15 \times 20$$

Et 6 — en mettront 6 fois moins

ou
$$\frac{15 \times 20}{6} = 50.$$

Les 6 ouvriers mettront 50 jours pour faire l'ouvrage.

PARTAGES PROPORTIONNELS

226. *Trois commerçants se sont associés : leurs mises sont 6.000 francs, 8.000 et 12.000 francs ; ils ont réalisé un bénéfice de 13.000 francs ; quelle sera la part de chacun ?*

C'est avec (6.000 + 8.000 + 12.000) = 26.000 francs qu'ils ont gagné 13.000 francs.

Le 1ᵉʳ associé avec 6.000 francs aura donc gagné

$$\frac{13.000 \times 6.000}{26.000} = 3.000$$

le 2e

$$\frac{13.000 \times 8.000}{26.000} = 4.000.$$

le 3ᵒ

$$\frac{13.000 \times 12\,000}{26.000} = 6.000.$$

Il est évident que les parts sont proportionnelles aux mises.

227. Pour partager une quantité en parties proportionnelles à des nombres donnés : 1° On divise la quantité à partager par la somme des nombres donnés ; 2° on multiplie le quotient successivement par chaque nombre donné.

Partager 13 en parties proportionnelles à 6, 8, 12.

$$1° \quad \frac{13}{26}$$

$$2° \quad \begin{cases} \dfrac{13 \times 6}{26} = 3 \\[2mm] \dfrac{13 \times 8}{26} = 4 \\[2mm] \dfrac{13 \times 12}{26} = 6. \end{cases}$$

228. Pour partager une quantité en parties inversement proportionnelles à des nombrs données, on partage cette quantité en parties proportionnelles à l'inverse des nombres donnés.

$$\text{L'inverse de 3 ou } \frac{3}{1} \text{ est } \frac{1}{3}.$$

$$\text{L'inverse de } \frac{2}{3} \quad \text{est} \quad \frac{3}{2}.$$

Partager 13 en parties inversement proportionnelles à 6, 8, 12, c'est partager 13 en parties proportionnelles à

$$\frac{1}{6}, \frac{1}{8}, \frac{1}{12}.$$

Ces fractions réduites au même dénominateur sont :

$$\frac{4}{24}, \quad \frac{3}{24}, \quad \frac{2}{24}$$

13 est à partager en parties proportionnelles aux numérateurs 4, 3, 2.

RÈGLES D'INTÉRÊTS

229. L'*intérêt* d'une somme, est le profit que tire de cette somme, la personne qui la prête.

230. La somme prêtée s'appelle *capital*.

231. Le *taux* est l'intérêt de 100 francs prêtés pendant 1 an.

232. Un capital est placé à *intérêts composés*, lorsque, à la fin de chaque année, l'intérêt s'ajoute au capital, pour produire intérêt pendant l'année suivante.

RENTES

233. La *rente* est l'intérêt annuel d'une somme prêtée, habituellement à l'État.

234. Dans les rentes de l'État la quantité variable est le *cours* qui est susceptible de se modifier chaque jour. Ainsi lorsqu'on dit que la rente 3 0/0 est au cours de 72 fr. 20, cela signifie qu'un capital de 72 fr. 20 est capable de fournir aujourd'hui 3 francs de rente.

Le cours est donc la somme qu'il faut placer pour obtenir le taux.

235. Les achats de titres de rentes se font à la Bourse, par l'intermédiaire des *agents de change* qui prélèvent un droit *de commission* de $\dfrac{1}{800}$ du capital.

RÈGLE D'ESCOMPTE

236. L'*escompte* est la retenue qu'on fait sur le montant d'un billet payé avant son échéance.

Ainsi, veut-on recevoir aujourd'hui le montant d'un billet de 500 francs payable dans 90 jours, on présente l'effet à un banquier qui fait une retenue on escompte et qui vous verse le reste. La retenue, calculée à un taux déterminé, est l'intérêt que rapporterait cette somme de 500 francs en 90 jours.

Dans ce cas l'escompte à 6 °/₀ est de

$$\frac{6 \times 500 \times 90}{360 \times 100} = 7^{f},50.$$

C'est une véritable recherche d'intérêt.

237. On voit que, dans ce cas, l'escompte a été pris sur la valeur que portait le billet (*valeur nominale*); cet escompte ainsi fait est l'*escompte commercial* ou en *dehors*.

238. Mais le banquier qui a escompté le billet précédent l'a fait sur une valeur supérieure à la valeur réelle du billet. Cet effet ne vaut pas aujourd'hui 500 francs; il vaudra 500 francs dans 90 jours.

L'escompte calculé sur la valeur *actuelle* du billet est *appelé escompte en dedans*.

Le seul escompte pratiqué en France est l'escompte commercial ou en dehors.

ALLIAGES — MÉLANGES

239. Les *alliages* sont des combinaisons qui résultent de la fusion de différents métaux. Les alliages dont on s'occupe presque uniquement en arithmétique sont ceux qui sont formés de la combinaison de l'or et de l'argent avec le cuivre.

La connaissance de la définition du *titre* suffit pour permettre de résoudre tous les problèmes dits d'alliages.

240. Alliages. — *On fond ensemble 570 grammes d'argent pur et 65 grammes de cuivre, on demande le titre de l'alliage.*

Solution :

Le poids total est $570 + 65 = 635$.

$$\text{Titre} = \frac{570}{635}$$

Qu'on peut réduire en fraction décimale ce qui donne :

$$0,897.$$

241. *Un lingot d'argent pesant 800 grammes est au titre de 0,925 ; combien faut-il y ajouter de cuivre pour abaisser son titre à 0,835 ?*

Solution :

Le poids qui ne doit pas varier est celui de l'argent :

Poids de l'argent pur $\dfrac{800 \times 925}{1.000} = 740$ grammes.

Nous allons chercher quel poids d'alliage au titre de 0,835, on peut former en employant 740 grammes d'argent pur.

Avec 835 gr. d'argent, on obtient 1.000 gr. d'alliage.

Avec 1 — — — $\dfrac{1.000}{835}$

et avec 740 — — — $\dfrac{1.000 \times 740}{835} = 886\,\text{gr.}\,251.$

Le poids du lingot final doit être 886 gr. 251 ; le lingot donné pesait 800 gr.

Il faut donc ajouter 886,251 — 800 = 86ᵍ251 de cuivre.

242. *Un lingot d'argent pesant 745 grammes est au titre de 0,835 ; combien faut-il y ajouter d'argent pour élever son titre à 0,900 ?*

Solution :

Le poids fixe est le cuivre ; c'est lui qu'il faut chercher.

Poids du cuivre : $\dfrac{745 \times 165}{1.000} = 122$ gr. 925.

Dans le lingot final, avec 100 gr. de cuivre on obtient 1.000 gr. d'alliage.

Avec 122 gr. 925 on obtiendra :

$$\text{Poids du lingot final} : \frac{1.000 \times 122,\ 925}{100} = 1.229 \text{ gr. } 25.$$

Il faut donc ajouter 1229,25 — 745 = 484ᵍ,25 d'argent pur.

243. Mélange. — *Un mélange de vin est formé de 60 litres de vin à 0ᶠ,65 le litre, de 45 litres à 0ᶠ,50 et de 40 à 0ᶠ,45 ; on demande le prix de 1 litre du mélange.*

$$
\begin{array}{lllll}
60 \text{ litres à } & 0,\ 60 \text{ le litre,} & \text{valent} & 36 \text{ francs.} \\
25 \quad — & 0,\ 50 & — & 12,\ 50. \\
40 \quad — & 0,\ 65 & — & 26. \\
\hline
125 \text{ litres de mélange valent} & & & 74,\ 50. \\
\end{array}
$$

$$1 \text{ litre} = \frac{74,5}{125} = 0^\text{f}596.$$

244. La résolution des problèmes de mélanges et d'alliages présente une plus grande difficulté lorsque, au lieu de chercher la *valeur* du mélange, on demande dans quelle *proportion* un mélange doit être fait pour qu'on obtienne un prix donné.

245. Exemple I. — *Dans quelle proportion devra-t-on mélanger des vins à 57 francs et à 50 francs l'hectolitre pour que l'hectolitre du mélange puisse être vendu 53 francs?*

Solution :

Quand on vend 53 fr. 1 hectol. qui coûte **57** fr. on perd 4 fr.

    —   53 fr. 1   —   50 fr. on gagne 3 fr.

Pour que la perte soit égale au gain on devra prendre :

3 hectol. à 57 fr.
et 4   —   à 50 fr.

Car en prenant 3   —   à 57 fr. on perd $4^\text{f} \times 3 = 12$ fr.

    —   4   —   à 50 fr. on gagne $3^\text{f} \times 4 = 12$ fr.

Il y a donc compensation.

Pour plus de facilité, on dispose l'opération comme il suit :

Disposition des calculs :

$$57 \overset{\longleftarrow}{\underset{\longleftarrow}{\times}} 3$$
$$55$$
$$50 \qquad 4$$

Il faut prendre 3 hectol. à 57 fr. et 4 hectol. à 50 fr.

On écrit, comme l'indique la figure ci-dessus, les uns au-dessous des autres les prix donnés ; entre ces 2 nombres et à leur droite le prix du mélange ; on fait enfin les différences entre le prix du mélange et les prix donnés, différences qu'on place en croix avec les prix donnés. Les nombres qui se trouvent en regard, sur une même ligne horizontale expriment les quantités qu'il faut prendre de chaque prix (suivre les traces des flèches).

246. Exemple II. — *Combien faut-il ajouter de vin à 0ᶠ,75 le litre à 120 litres de vin à 0ᶠ,45 le litre pour que le litre du mélange revienne à 0ᶠ,65.*

Solution :

Le mélange doit avoir lieu dans les proportions suivantes :

$$75 \qquad\qquad 20$$
$$65$$
$$45 \qquad\qquad 10$$

On devra prendre 20 litres à 0ᶠ,75 et 10 litres à 0ᶠ,45.

Pour 10 litres à 0ᶠ,45 on prend 20 litres à 0ᶠ,75.

$\qquad$ 1 $\quad$ — $\qquad$ 0ᶠ,45 on en prendra 10 fois moins.

$$\text{ou} \quad \frac{20}{10}$$

et pour 120 litres on en prendra 120 fois plus

$$\text{ou} \quad \frac{20 \times 120}{10} = 240.$$

Réponse : On devra ajouter 240 litres à 0f,75.

247. Exemple III. — *Dans quelle proportion faut-il allier de l'argent au titre de* $\dfrac{810}{1000}$ *et de l'argent au titre de* $\dfrac{925}{1000}$ *pour avoir un lingot au titre de* $\dfrac{880}{1000}$?

Solution :

En prenant le millième pour unité, on a :

$$\begin{array}{ccc} 810 & & 45 \\ & 880 & \\ 925 & & 70 \end{array}$$

On devra prendre 45 grammes au titre de $\dfrac{810}{1000}$

et 70   —   — $\dfrac{925}{1000}$.

248.
Mesure des surfaces.

Triangle : $\dfrac{b \times h}{2}$.

Parallélogrammes : $b \times h$.

Trapèze : $\dfrac{B + b}{2} \times h$.

Longueur de la circonférence : $2 \times \pi \times R$.

Surface du cercle : $\pi \times R^2$.

b *signifie base.*

h   —   *hauteur.*

B   —   *grande base.*

π =   3,1416.

R *signifie rayon.*

249.
Mesure des volumes.

Prisme : surf. $B \times h$.

Cylindre : surf. $B \times h = \pi \times R^2 \times h$.

Pyramide : $\dfrac{surf.\ B \times h}{3}$.

Cône : $\dfrac{surf.\ B \times h}{3} = \dfrac{\pi \times R^2 \times h}{3}$.

Sphère : $\dfrac{4 \times \pi \times R^3}{3}$.

Surf. B *signifie : surface de la base.*

250, Exemple de la disposition à donner à la solution d'un problème.

En revendant une pièce d'étoffe à raison de 4f50 les 3/4 de mètre, on fait un bénéfice de 82 francs ; en le revendant au prix de 3 francs les 2/3 de mètre, on fait une perte de 41 francs, on demande : 1° la longueur de la pièce; 2° son prix d'achat. — Vérifier (Brevet élémentaire, novembre 1885).

Calculs :	Raisonnement :
$\dfrac{\overset{15}{4\,5}\times 4}{3}=6$ 1	Prix de vente du mètre dans le 1er cas $\dfrac{4,5\times 4}{3}=6$ fr.
	Prix de vente du mètre dans le 2e cas $\dfrac{3\times 3}{2}=4^{f}50$.
1230 $\quad\dfrac{15}{82}$ 30	Différence des prix de vente du mètre $6-4,5=1^{f}50$.
	Différence des prix de vente de la pièce $82+41=123$ fr.
$\begin{array}{r}82\\45\\\hline 410\\328\\\hline 389,0\end{array}$	1° *Longueur de la pièce* $\dfrac{123}{1,5}=82$ mètres. Prix de vente de la pièce au 1er prix $6\times 82=192$ fr. 2° *Le prix d'achat est* $492-82=410$ fr.

Vérification :

Le prix d'achat calculé dans les conditions de la seconde vente doit être le même que celui que nous avons calculé dans le problème.

Prix de vente au 2e prix $4,5\times 82=369$.

Puisqu'elle a été vendue avec perte de 41 francs, son prix d'achat était $369+41=410$ francs.

2° La densité du mercure étant 13,57 on en remplit aux 3/4 un vase rectangulaire dont les dimensions intérieures sont 15 centimètres, 12 centimètres et 7 centimètres, calculer le volume d'eau dont le poids serait égale à celui du mercure (*à moins de* **1** *centilitre près*). (Brevet élémentaire, novembre 1885).

Calculs :	*Raisonnement :*
	Volume du vase :
15 180	$15 \times 12 \times 7 = 1260$ cent. cubes
12 7	ou $1^l,26$.
30 1260	Volume du mercure :
15	
180	$\dfrac{1,26 \times 3}{4} \quad 0^l,945.$
1,26	Poids du mercure :
3	$13,57 \times 0,945 = 12^k,82365.$
3,78 : 4 = 0,945	Nombre de litres d'eau : $12^l,82.$
1357	*Réponse* : $12^l,82.$
0945	
6785	
5428	
12213	
12,82365	

QUESTIONS THÉORIQUES

DONNÉES AUX EXAMENS DU BREVET ÉLÉMENTAIRE DANS LA SESSION
DE JUIN 1886 (PLACÉS PAR ORDRE DE DATES)

Expliquer la théorie de la soustraction des nombres
entiers sur l'exemple suivant : 60827 — 35295.

Quel est l'objet de l'addition des nombres entiers ?
Pourquoi l'ordre dans lequel on les ajoute est-il indiffé-
rent ? — Énoncer la règle pratique de l'opération et

l'expliquer. — La définition, la règle et l'explication sont-elles applicables aux nombres décimaux ?

Expliquer l'objet de la multiplication des nombres entiers. — Qu'entend-on par multiplier 26 mètres par 11 et qu'est alors le produit? — Peut-on se proposer de multiplier 26 par 11 mètres, ou 26 mètres par 11 mètres ?

Expliquer que dans le système de numération décimale, 10 caractères ou chiffres sont nécessaires et suffisants pour représenter tous les nombres entiers.

Énoncer une règle à suivre pour faire la preuve de la division des nombres entiers. — Traiter un exemple et justifier la règle.

Quel usage fait-on, en arithmétique, du P. P. C. M. de plusieurs nombres. — Faire une application numérique et la justifier.

Démontrer le principe sur lequel repose la réduction d'une fraction ordinaire à une plus simple expression. — Raisonner sur la fraction $\dfrac{4680}{6120}$.

Démontrer que l'on peut intervertir l'ordre des deux facteurs d'une multiplication sans que le produit soit changé.

Réduire au plus petit dénominateur commun les deux fractions $\dfrac{4}{27}$ et $\dfrac{19}{36}$, et expliquer l'opération.

Montrez la correspondance qui existe entre les mesures de volume ou de capacité d'une part et les mesures de poids de l'autre.

Construction et usage de la table de multiplication, dite table de Pythagore.

Définir la multiplication de 36,047 par 20,435, et raisonner l'opération sur cet exemple.

Comment trouve-t-on le reste d'une division d'un nombre par 9 sans effectuer la division ? — Règle et démonstration.

Les mesures de capacité. — Leur unité principale. — Leurs relations avec les mesures de volume. — Nommer la série des mesures effectives ou réelles de capacité.

Faire le tableau des monnaies françaises ; donner leurs poids et leur composition.

Division d'un nombre quelconque, entier ou fractionnaire, par une fraction. — Règle et démonstration. — Appliquer à l'exemple suivant : $\dfrac{11}{5} : \dfrac{3}{7}$.

Ayant un produit de deux facteurs, on multiplie le multiplicande par 2/3 et le multiplicateur par 5/7. Démontrer que le produit des deux facteurs ainsi modifiés est égal au produit multiplié par le produit des deux fractions 2/3 et 5/7.

Preuves de la multiplication. — Différentes manières de la faire. — Appliquer l'une d'elles et en donner la démonstration.

EXERCICES DE CALCUL ET PROBLÈMES

1. Décomposer en leurs facteurs premiers :

	600	,	420		
2.	340	,	720	,	180
3.	18	,	1140	,	630.

4. Trouver tous les diviseurs de :

$$630 \quad , \quad 500 \quad , \quad 36 \quad , \quad 49$$
5. $\qquad 340 \quad , \quad 810 \quad , \quad 900.$

6. Trouver le P. G. C. D. de :

$$1200 \quad \text{et} \quad 450 \quad : \quad 18 \quad \text{et} \quad 600$$
7. $\qquad 731 \quad \text{et} \quad 140 \quad ; \quad 144 \quad \text{et} \quad 36.$

8. Trouver le P. G. C. D. de :

$$12 \quad . \quad 20 \quad , \quad 36 \quad , \quad 160$$
9. $\qquad 18 \quad , \quad 40 \quad , \quad 170 \quad , \quad 270$
10. $\qquad 110 \quad , \quad 420 \quad , \quad 141$
11. $\qquad 144 \quad , \quad 345 \quad , \quad 810.$

12. Trouver le P. G. C. D. et le P. P. C. M. de :

$$3 \quad , \quad 4 \quad , \quad 9 \quad , \quad 16$$
13. $\qquad 7 \quad , \quad 12 \quad , \quad 36 \quad , \quad 45$
14. $\qquad 27 \quad , \quad 36 \quad , \quad 420 \quad , \quad 810.$

15. Ranger par ordre de grandeur les fractions suivantes sans les réduire au même dénominateur :

$$\frac{8}{17} \quad , \quad \frac{5}{17} \quad , \quad \frac{4}{23} \quad , \quad \frac{4}{52} \quad , \quad \frac{12}{17}$$
16. $\quad \dfrac{2}{5} \quad , \quad \dfrac{7}{5} \quad , \quad \dfrac{3}{8} \quad , \quad \dfrac{4}{5} \quad , \quad \dfrac{5}{8}.$

17. Écrire des fractions plus petites que l'unité de :

$$\frac{1}{3} \quad , \quad \frac{3}{5} \quad , \quad \frac{1}{8} \quad , \quad \frac{3}{4} \quad . \quad \frac{7}{15}.$$

18. Écrire des expressions fractionnaires qui surpassent l'unité de :

$$\frac{4}{5} \quad , \quad \frac{3}{8} \quad , \quad \frac{4}{9} \quad , \quad \frac{5}{6} \quad , \quad \frac{2}{3}.$$

19. Convertir en expressions fractionnaires :

$$3\,\frac{2}{3} \quad , \quad 4\,\frac{7}{8} \quad , \quad 8\,\frac{11}{15}$$

20.
$$2\,\frac{7}{9} \quad , \quad 12\,\frac{4}{5} \quad , \quad 15\,\frac{18}{21}\,.$$

21. Convertir en nombres fractionnaires les expressions fractionnaires :

$$\frac{125}{13} \quad , \quad \frac{12}{3} \quad , \quad \frac{48}{5}$$

22.
$$\frac{19}{12} \quad , \quad \frac{4}{3} \quad , \quad \frac{124}{32}\,.$$

23. Réduire à leur plus simple expression :

$$\frac{540}{360} \quad , \quad \frac{51}{34} \quad , \quad \frac{169}{143}$$

24.
$$\frac{150}{100} \quad , \quad \frac{204}{153} \quad , \quad \frac{370}{310}\,.$$

25. Addition des fractions :

$$\frac{3}{4} + \frac{5}{6} + \frac{1}{12} + \frac{7}{24}$$

26.
$$3\,\frac{7}{8} + \frac{4}{5} + 1\,\frac{8}{27} + 4\,\frac{5}{48}\,.$$

Soustraction.

27. Soustraire
$$\frac{7}{8} \quad \text{de} \quad \frac{13}{14}$$

28.
$$5\,\frac{8}{9} - 2\,\frac{3}{5}$$

29.
$$8\,\frac{4}{5} - 3\,\frac{11}{12}\,.$$

Multiplication.

30. $\dfrac{8}{11} \times \dfrac{4}{5}$, $3 \times \dfrac{7}{9}$, $\dfrac{8}{11} \times 5$

31. $3\dfrac{2}{3} \times 4$, $6 \times 9\dfrac{2}{3}$, $4\dfrac{2}{3} \times 5\dfrac{7}{9}$.

Division.

32. $7 : \dfrac{3}{4}$, $\dfrac{7}{11} : 5$, $\dfrac{8}{9} : \dfrac{4}{3}$

33. $\dfrac{15}{24} : \dfrac{3}{4}$, $6\dfrac{2}{3} : 4\dfrac{5}{17}$, $11 : 4\dfrac{2}{9}$.

34. Extraire à moins de 1 unité près les racines carrées suivantes :

$$\sqrt[2]{723498} \qquad , \qquad \sqrt[2]{3425696}$$

35. $\sqrt[2]{34964328}$, $\sqrt[2]{95486723}$.

36. Extraire à moins de 1 centième près :

$$\sqrt[2]{3} \quad , \quad \sqrt[2]{2} \quad , \quad \sqrt[2]{723698}.$$

37. Extraire les racines :

$$\sqrt[2]{38497.4236} \quad , \quad \sqrt[2]{84294,234} \quad , \quad \sqrt[2]{52943,42876}.$$

Proportions.

38. Trouver la 4ᵉ proportionnelle à :

$$4, 5, 12 \quad ; \quad 3, 4, 12 \quad ; \quad 5, 7, 20$$

39. $8, 9, 16$: $\dfrac{4}{5}, \dfrac{3}{4}, \dfrac{7}{8}$: $4, \dfrac{5}{6}, \dfrac{7}{9}$.

40. Trouver la 3ᵉ proportionnelle à :

$$5, 30 \quad ; \quad 3, 12 \quad : \quad 7, 56.$$

41. Trouver la moyenne arithmétique des nombres :

3, 7, 15, 18, 27   ;   8, 12, 16, 24.

42. Trouver la moyenne proportionnelle de :

2 et 32   ;   3 et 12   ;   2 et 50

43.   4 et 36   ;   16 et 25   ;   9 et 81.

SYSTÈME MÉTRIQUE

44. Dans un système dont l'adoption avait été proposée en France, on avait divisé en 10 heures le temps compris entre minuit et minuit de la nuit suivante; chacune des heures ainsi déterminée aurait été divisée en 100 minutes, et chaque minute en 100 secondes. En supposant qu'une horloge soit réglée d'après ce système, on demande : 1° Ce qu'elle marquera lorsqu'il sera, d'après le système actuel, 3 heures 36 minutes du soir ; 2° quelle heure il est, d'après le système actuel, lorsque ladite horloge marque $8^h 15^m$.

45. La latitude de Dunkerque est de 51°2'11"; celle de Barcelone est de 41°22'59". Trouver quelle est en kilomètres la distance qui sépare ces deux villes, si l'on admet qu'elles sont sur le même méridien?

46. Calculer le nombre de degrés de latitude parcourus par un voyageur qui franchit 1675 kilomètres dans la direction du pôle à l'équateur. Quel chemin doit-il faire pour parcourir 25 degrés?

47. Deux lieux sont situés sur le même méridien. Leurs latitudes sont 25°24'30" et 19°57'30". Evaluer en kilomètres la distance de ces lieux : 1° lorsqu'ils sont dans des hémisphères différents; 2° lorsqu'ils sont dans le même hémisphère.

48. La longitude de Corté est de 6°49' à l'est et celle de Brest est de 6°49'42" à l'ouest. On demande :

1° quelle heure il est à Brest, quand il est midi à Corté;

2° quelle heure il est à Corté, quand il est midi à Brest;

3° quelle heure il est à Corté et à Brest, quand il est midi à Paris.

49. La ville de Saint-Pétersbourg est située à 27°58′ de longitude orientale. Quelle heure est-il dans cette ville quand il est midi à Paris?

50. Une terre a 2 hectares 32 centiares de superficie. Elle est louée 85 francs l'arpent et l'arpent vaut 42 ares 20 centiares 8 dixièmes. Le fermier cultive du colza et dépense 242 fr. 50 par hectare; il récolte 59 hectolitres de grain qu'il vend 22 fr. 75 l'hectolitre. Calculer le bénéfice total et le bénéfice par hectare.

51. Dans le courant d'une année, le propriétaire d'une usine a payé 2314 fr. 50 pour le transport, à une distance de 2 myriamètres 37 hectomètres, de la houille dont il a besoin. On demande de calculer le nombre d'hectolitres de houille consommés dans l'usine, en sachant qu'on paye 12 centimes par kilomètre pour le transport de 1,000 kilogrammes, plus un droit de 3 fr. 24 pour 3240 hectol. et qu'un hectolitre de houille pèse 75 kilogrammes.

52. Un cultivateur a récolté les betteraves d'un champ de 17 hectares 85 ares 72 centiares, et il les a vendues au prix de 19 francs les 1.000 kilogrammes. La moyenne de la récolte est de 63.457 kilogrammes par hectare. L'acheteur lui décompte 7,5 $\%$ sur le poids des 36 premiers centièmes des betteraves; 12,85 $\%$ sur les 48 centièmes suivants; 23.6 $\%$ sur le reste.
Le cultivateur a dépensé par hectare, savoir : 175 francs pour le fermage; 187 fr. 50 pour frais de culture et de transport; 348 fr. 75 pour engrais. Trouver le bénéfice ou la perte pour le cultivateur.

53. L'hectolitre de blé coûte 24 francs et pèse environ 80 kilogrammes; l'hectolitre de seigle coûte 14 francs et pèse environ 70 kilogrammes; on prélève pour la mouture, le blutage et les frais de fabrication 25 $\%$ du poids total, et le reste rend 1 kilogramme de pain pour 1 kilogramme de farine; dans quelle proportion faut-il mélanger ce froment et ce seigle pour que le kilogramme de pain revienne à 0 fr. 32?

54. En admettant que Paris ait la surface d'un rectangle de 8 kilomètres de longueur sur 10, évaluer en tonnes la quantité de neige dont il a fallu débarrasser le sol en décembre dernier, en sachant que la neige tombée eût représenté fondue une hauteur de 12 centimètres d'eau.

55. On a acheté 7 hectolitres de vin à 3 fr. 80 le décalitre. On paye la moitié du prix d'achat avec de la monnaie d'or; la moitié de ce qui reste avec de la monnaie d'argent, et le reste avec de la monnaie de bronze. On demande le poids total de la somme payée et le poids du cuivre contenu dans les pièces d'or.

56. Un cultivateur a répandu, sur un champ de luzerne de 2 hectares 39 ares, 37 hectolitres de plâtre immédiatement après la première coupe; le produit de la deuxième coupe vaut alors les $\frac{4}{5}$ du produit de la première. Le produit de la première coupe était de 7,955 kilogrammes par hectare. D'autre part, la luzerne vaut 48 francs les 1.000 kilogrammes, et l'hectolitre de plâtre coûte 3 francs. Quel bénéfice le cultivateur a-t-il retiré de l'emploi du plâtre ?

57. Un vigneron a vendu le vin de sa récolte à raison de 79 fr. 92 la pièce contenant 199 kilogrammes 8 hectogrammes de vin. A volume égal, le poids de ce vin est les 0,925 de celui de l'eau. On demande : 1° le prix de l'hectolitre; 2° la somme d'argent monnayé qui aurait un poids égal à celui du vin qui est contenu dans les $\frac{3}{4}$ de la pièce; 3° le poids d'argent pur contenu dans cette somme.

58. Une barrique vide pèse 27 kilog. 87. Remplie d'huile, elle pèse 154 kilog. 37. On demande combien elle contient de litres d'huile, le poids de cette huile étant les $\frac{11}{12}$ du poids de l'eau.

59. Un vase est rempli d'un mélange|pesant 7 kilogrammes et composé d'eau-de-vie et d'eau distillée. On demande le poids de l'eau distillée qui remplirait ce vase, en sachant que le mélange contient en poids 4 fois autant d'eau-de-vie que d'eau, et que le poids de l'eau-de-vie est, à volume égal, les $\frac{19}{20}$ du poids de l'eau.

60. Un vase rempli par des poids égaux d'eau et de mercure pèse 83 kilogrammes 56 grammes, et sa capacité est de 39 litres et demi. Trouver le poids du vase vide, en prenant 13,6 pour la densité du mercure.

61. Un vase plein d'eau pèse 115 décagrammes ; le même vase plein d'huile pèse 1 kilogramme 82 grammes. En sachant que 17 litres et demi d'huile pèsent 16 kilogrammes, on demande quel est le poids du vase vide et quelle en est la capacité.

62. L'hectolitre de pomme de terre pèse environ 80 kilogrammes et vaut 5 fr. 20. Une terre ensemencée en pommes de terre a produit 83 quintaux à l'hectare, et la recette totale s'est vendue 845 francs. Calculer, à un mètre carré près, la superficie de cette terre.

63. La surface totale de la terre est de 5.099.508 myriamètres carrés. Elle est partagée en cinq zones : deux zones glaciales, deux zones tempérées et une zone torride.

Trouver la superficie en hectares de la zone torride, en sachant que chacune des zones tempérées est les $\dfrac{13}{50}$ de la surface totale de la terre et que chacune des zones glaciales est les $\dfrac{2}{13}$ d'une zone tempérée.

64. Le centimètre cube d'argent pèse 10 gr. 50 et le centimètre cube de cuivre 8 gr. 85. On fond ensemble 9 kilogrammes d'argent et 1 kilogramme de cuivre ; quel sera le volume de cet alliage ?

65. Une somme de 2,441 francs est composée, pour une partie, de monnaie d'or française, et, pour le reste, de monnaie d'argent ; le poids total de toutes ces pièces de monnaie est de 2780 grammes. On demande de calculer la valeur et le poids de chaque espèce de monnaie.

66. Les dimensions d'une barre sont : longueur, 3ᵐ60, largeur 0ᵐ06, épaisseur 0ᵐ02. Son poids est de 67 kilog. 65. Combien pèserait une barre de même métal, longue de 1ᵐ50, large de 0ᵐ048 et qui aurait 0ᵐ036 d'épaisseur ?

67. Une salle de conférences a 20 mètres de longueur sur 15 mètres de largeur et 3ᵐ80 de hauteur ; 350 personnes s'y réunissent ordinairement. On voudrait que le volume d'air fût de quatre mètres cubes en moyenne par personne. De combien faut-il élever le plafond ?

68. Une cour de forme rectangulaire a 14 mèt. de long sur 8ᵐ75 de large ; elle doit être recouverte d'une couche de gravier de 0ᵐ03 d'épaisseur. On demande combien il faudra de mètres cubes de gravier et quelle sera la dépense, si le tombereau contenant 735 décimètres cubes de gravier coûte 2 fr. 65.

69. Un propriétaire fait établir sur ses terres un chemin de 3ᵐ8 de longueur sur 6 mètres de largeur. La chaussée, qui doit être empierrée, a 3 mètres de largeur. Combien coûtera ce chemin, sachant que le terrain est estimé 950 francs l'hectare, que le caillou répandu sur une épaisseur uniforme de 0ᵐ20 revient à 5 fr. 50 le mètre cube rendu et placé ; que la construction du chemin coûte 250 francs le kilomètre ? — Calculer aussi le prix moyen du mètre courant.

70. On a creusé un bassin rectangulaire dont les dimensions sont : 12ᵐ4, 8ᵐ65, 1ᵐ08. On en a répandu les terres sur le sol environnant à la hauteur de 15 centimètres. Quelle surface a-t-on recouverte, en admettant que 3 mètres cubes de terre tassée donnent 4 mètres cubes de terre remuée ? — Si cette surface était un triangle de 84ᵐ4 de base, quelle en serait la hauteur ?

FRACTIONS

71. Une personne avait une certaine somme ; elle en a dépensé 1/3 pour acheter de la toile à 2 fr. 25 le mètre ; elle a employé les 2/5 du reste pour avoir du drap à 12 fr. 75 le mètre ; avec ce qui lui est resté, elle a pu couvrir le prix de 225 litres de vin à 54 francs l'hectolitre. Combien a-t-elle reçu de toile et de drap ?

72. Il reste 47.400 francs à une personne qui a disposé du $\frac{1}{4}$

de sa fortune, des $\frac{2}{7}$ et des $\frac{3}{11}$. A quelle somme s'élevait cette fortune ?

73. Un père et son fils travaillent à un ouvrage qu'ils peuvent faire ensemble en 15 jours. Ils travaillent d'abord 6 jours ensemble, puis le fils achève tout l'ouvrage en 30 jours. Combien de temps le père et le fils auraient-ils employé séparément à faire l'ouvrage ?

74. Les frais de construction d'un chemin vicinal qui relie cinq localités, ont été supportés de la manière suivante : $\frac{1}{3}$ par la première localité, $\frac{1}{4}$ par la seconde, $\frac{1}{6}$ par la troisième, $\frac{1}{12}$ par la quatrième. La cinquième a eu à faire pour sa part une longueur de 800 mètres. Sachant que les frais se sont élevés à 2.500 francs le kilomètre, on demande de déterminer la dépense supportée par chacune des cinq localités et la longueur du chemin.

75. Deux ouvriers de force inégale travaillent à un même ouvrage qu'ils peuvent faire ensemble en 12 jours. Au bout de 4 jours de travail, le plus habile tombe malade ; l'autre achève alors l'ouvrage en 18 jours. Combien chacun d'eux, travaillant seul, aurait-il mis de temps pour faire l'ouvrage en entier ?

76. Une fontaine fournit 113 hectolitres d'eau en 7 heures ; une seconde, 390 hectolitres en 15 heures ; une troisième, 324 hectolitres en 18 heures. Combien ces trois fontaines mettront-elles d'heures pour remplir un bassin de 1,647 hectolitres ?

77. Deux fontaines versent de l'eau dans le même bassin. La 1re pourrait le remplir en 3 heures et la 2e en 5 heures. On laisse d'abord couler la 1re pendant 1 heure, puis la 2e seule pendant 1 heure et demie, et ensuite on les laisse couler toutes deux ensemble. On demande au bout de combien de temps le bassin sera plein ?

78. Une 1re fontaine coulant seule remplirait un bassin en

3 heures et demie; une 2ᵉ le remplirait en $3^h\frac{1}{7}$; une 3ᵉ en $4^h\frac{1}{3}$. En combien de temps auront-elles rempli ce bassin en coulant ensemble et quelle fraction de ce bassin chacune d'elles aura-t-elle remplie?

79. Dans un jour, un ouvrier fait le tiers d'un ouvrage; dans un autre jour, il fait le quart du reste. Quelle fraction de l'ouvrage lui reste-t-il alors à faire? — Combien l'ouvrage lui sera-t-il payé s'il a gagné 4 francs dans la seconde journée?

80. Un bassin pouvant contenir 8 hectolitres reçoit par heure 75 litres $\frac{3}{7}$ par un 1ᵉʳ robinet; 86 litres $\frac{2}{3}$ par un 2ᵉ, et il perd 64 litres $\frac{4}{5}$ par un 3ᵉ. On ouvre les trois robinets ensemble. Trouver au bout de combien de temps le bassin sera rempli.

81. On demande quel est le traitement annuel d'un instituteur, sachant qu'il subit, pour la retraite, une retenue égale, au vingtième de ce traitement; qu'il dépense par an les 4/5 de son traitement diminué de la retenue, plus encore 200 francs; qu'enfin, au bout de 6 ans, il est arrivé à économiser les 227/550 de son traitement.

82. Quatre ouvriers ont fait un ouvrage de 3.239 mètres. Le travail du deuxième est les 4/5 de celui du premier; le travail du troisième est les 2/3 de celui du deuxième et le travail du quatrième est les 3/4 de celui du troisième. L'ouvrage total ayant été payé 6.724 francs, combien chaque ouvrier a-t-il fait de mètres et combien recevra-t-il?

83. Une pompe peut vider un bassin en 6 heures 42 minutes; une autre le viderait en 4 heures 37 minutes. Combien faudra-t-il d'heures, de minutes et de secondes pour vider le bassin en faisant fonctionner simultanément les deux pompes?

84. Une somme de 1.416 francs a été partagée entre deux personnes; la première ayant dépensé les 4/7 de sa part, et la seconde les 3/8 de la sienne, il leur reste des sommes égales. Quelles sont les parts des deux personnes?

85. Un marchand a un tonneau plein de vin du prix de 80 centimes le litre. Il vend un jour les $\frac{2}{3}$ des $\frac{5}{8}$ du tonneau; le lendemain il en vend pour 7 fr. 20 de plus que la veille et il ne lui reste plus que le demi-quart du tonneau. Calculer la capacité du tonneau.

86. Un homme boit le tiers du vin qui remplit un verre, il le remplit ensuite en y versant de l'eau et il boit la moitié du tout; il le remplit une seconde fois avec de l'eau et en boit encore la moitié. Quelle partie du vin primitif reste-t-il encore dans le verre?

87. Après avoir perdu successivement les 3/8 de sa fortune, le 1/9 du reste, puis les 5/12 du nouveau reste, une personne hérite de 60.800 francs. La perte est ainsi réduite à la moitié de la fortune primitive. On demande combien cette personne possédait d'abord, et combien elle a successivement perdu.

INTÉRÊT

88. Quel est le capital qui, réuni à ses intérêts pendant 3 mois et 6 jours, au taux de 4,5 $\%$ par an, forme un total de 875 fr. 38?

89. 1° Quelle est la somme qui, augmentée de ses intérêts à 5 $\%$ pendant 18 mois, est devenue 2.633 fr. 75. — 2° Dire le poids, sachant qu'on paye 2.600 francs en or, 30 francs en argent et le reste en bronze.

90. Une personne dépose chez un notaire une certaine somme qui doit produire intérêt à 3 p. $\%$ l'an. — Au bout de 16 mois, elle retire la somme, et reçoit, capital et intérêts simples réunis, 6.656 francs. Quelle somme avait-elle déposée, et de combien la somme reçue serait-elle augmentée, si le banquier avait capitalisé les intérêts du dépôt à la fin du 12° mois, comme il serait rationnel de le faire?

91. Un capital et ses intérêts forment au bout de 15 mois une somme de 1.309 fr. 75. Au bout de 8 mois, ce capital avec ses intérêts s'élèverait à 1.277 fr. 20. Trouver le capital et le taux.

92. Un capital et ses intérêts pendant 15 mois forment une somme de 3.705 francs. Au bout de 4 ans, le même capital, avec ses intérêts, s'élèverait à 3.936 francs. Trouver le capital et le taux.

93. Une personne a placé les $\frac{2}{5}$ de son capital a 3 $\%$ et le reste à 4,50 $\%$; elle en retire ainsi 1,950 francs de rente annuelle. Quel est ce capital?

94. Un homme a placé deux capitaux à intérêts simples, le 1er à 4 $\%$ et le 2e à 5 $\%$. Il a retiré au bout de 7 ans 9 mois une somme de 23.800 francs pour le capital et les intérêts réunis. Trouver quels sont ces deux capitaux, en sachant que le 1er n'est que les $\frac{5}{6}$ du 2e.

95. Une personne achète, avec les 5/12 de sa fortune, une ferme qui lui revient a 5.000 francs l'hectare ; les 2/3 du reste sont employés à l'achat d'une maison ; enfin, avec le capital qui lui reste, elle se fait une rente annuelle de 3.150 francs, en le plaçant à 4,5 $\%$. Trouver la fortune de cette personne, la contenance de la ferme, la valeur de la maison et celle du capital placé.

96. Une personne a un capital qu'elle a partagé en 2 parties égales : la 1re placée à 5 p. $\%$ rapporte 80 francs de plus que la 2e qui est placée à 4 1/2 p. $\%$. Quel est ce capital?

97. Au bout de combien de temps, un capital quelconque placé à 5 $\%$ produira-t-il un intérêt égal au capital lui-même ?

98. Une personne qui avait placé de l'argent à 4 1/2 p. $\%$ le retire au bout de 8 mois et touche, pour le capital et les intérêts, la somme de 4,635 francs. Elle emploie les intérêts et replace le capital à 5 p. $\%$. Au bout de combien de jours ce nouveau placement lui aura t-il rapporté le même intérêt que le premier et quel est le capital placé ?

99. Calculer le temps au bout duquel un capital de

76.800 francs au taux de 4,75 $^0/_0$ produit un intérêt de 2.128 francs.

100. Une petite société, au capital de 14.575 francs, perd, la première année, 7 $^0/_0$ de son capital ; la deuxième année, 6 1/2 $^0/_0$ du capital restant ; enfin, la troisième année, elle gagne 23 $^0/_0$ sur le capital restant. Quel est le capital à la fin de la troisième année, et que reviendra-t-il à chaque action de 25 francs ?

101. Un homme place les $\frac{2}{5}$ d'un capital à 6 $^0/_0$ et en retire un revenu annuel de 939 fr. 60. Le reste du capital est placé à 4.5 $^0/_0$. Trouver le revenu total que cet homme a au bout de l'année ; trouver aussi le taux unique auquel il faudrait placer tout le capital pour avoir le même revenu.

102. Le prix d'achat d'une propriété est de 12.500 francs ; les droits d'enregistrement sont de 5 1/2 $^0/_0$ plus le double décime sur les mêmes droits. Établir le total de ce qu'a coûté cette propriété ; et, comme elle rapporte en moyenne 400 francs, dire à quel taux est placé le capital qui a servi à l'acheter.

103. Un propriétaire emploie la neuvième partie de sa fortune pour acheter une maison ; avec le quart du reste, il achète un bois, enfin, de ce qui lui reste encore, il fait deux parts qui sont entre elles comme 2 et 3. La première part étant placée à 4 $^0/_0$ et la seconde à 5,50 $^0/_0$, il se fait un revenu annuel de 8.820 francs. Calculer les sommes placées à 4 $^0/_0$ et à 5 1/2 $^0/_0$, la fortune entière et le prix du bois.

104. Une personne possède un capital qu'elle divise en trois parties ; elle place la première à 5 $^0/_0$, la seconde à 4 $^0/_0$ et la 3e à 3 $^0/_0$. Au bout d'un an elle retire les trois sommes augmentées de leurs intérêts respectifs et touche 15.926 fr. 40. Calculer les trois capitaux placés, sachant que le 1er est les 3/5 du second et que le 3e est la somme de deux autres.

ESCOMPTE

105. Une personne fait escompter par un banquier un billet de 674 fr. 40 payable dans 10 mois ; elle reçoit 637 fr. 87. Quel était le taux de l'escompte ?

106. Un effet de commerce escompté 3 mois avant son échéance, au taux de 6 % par la méthode de l'escompte en dehors est réduit à 3.546 francs. Quelle était la valeur nominale du titre ?

107. On propose d'escompter un billet de 2.450 francs payable dans 38 jours. L'escompte se fait par la méthode commerciale à 6 % ; de plus le banquier prélève $\frac{1}{4}$ % pour commission et $\frac{1}{10}$ % pour les frais de correspondance. Quel est le taux réel de cet escompte par an ?

108. On présente à l'escompte deux billets payables dans 45 jours et dont l'un surpasse l'autre de 1.500 francs. On reçoit 5.955 fr. Le taux de l'escompte étant 6 %, quelles sont les valeurs des deux billets ?

109. Une personne a présenté, le 15 mars, chez un banquier un billet de 3.458 fr. 50. A l'escompte ordinaire, calculé au taux de 4 %, le banquier joint un droit de commission de 3/8 %. Quelle est la date de l'échéance du billet, sachant que le porteur a reçu une somme de 3.408 fr. 65 ?

110. Un négociant achète 18 barils d'huile, pesant ensemble 1350 kilog. poids net, à raison de 105 fr. 40 les 100 kilogr. et, payables dans 6 mois, mais avec la faculté de faire des avances de payement avec 7 % d'escompte par an. Il donne 800 francs 45 jours après l'achat; puis il solde le reste quelque temps après, en donnant 587 fr. 70. On demande de combien de jours il a dû avancer ce dernier payement.

111. Trouver la valeur nominale d'un billet, qui est payable dans 96 jours, en sachant que la différence entre l'escompte en dehors et l'escompte en dedans à 6 % est de 1 fr. 28, si on l'escompte aujourd'hui.

RENTES

112. Combien pourrait-on acheter de rentes de 3 % au cours de 82,50 avec le produit de la vente d'un terrain rectangulaire ayant 151^{m}75 de longueur et 68 mètres de largeur, à raison de 3.420 francs le journal? — Le journal est une ancienne mesure locale valant 28ª50.

113. Un propriétaire a un champ de 8ʰ5ª qu'il loue 4 fr. 95 l'are; il vend cette propriété à raison de 4.200 francs l'hectare, et, avec le produit de cette vente, il achète de la rente 3 % au cours de 79,20. On demande s'il a augmenté ou diminué son revenu et de combien.

114. Une personne qui possède 66.080 francs de capital, affecte les 3/8 de sa fortune à l'acquisition d'une maison rapportant net le 0,06 de son prix d'achat. Avec le reste elle achète de la rente 3 % au cours de 82 fr. 50. Quel est le revenu annuel de cette personne ?

115. Trouver le taux réel d'un placement d'argent fait en achetant de la rente 3 % au cours de 80 francs, et chercher quel devrait être le cours de cette rente pour que ce placement rapportât 0 fr. 25 % en plus du taux que l'on aura trouvé?

116. Une personne achète de la rente 4 1/2 p. % sur l'Etat Le capital qu'elle emploie à cet achat se trouve ainsi placé à 4 1/11 %. Dire à quel cours la rente a été achetée. On ne tiendra pas compte des frais de courtage. Vérifier sur une somme quelconque.

117. La rente française était cotée le 8 juin dernier, en 5 % à 115,445, et en 3 % à 83,10; une personne qui disposait d'une somme de 4.155 francs a acheté du 5 % au lieu d'acheter du 3 %. De combien a-t-elle augmenté son revenu en opérant ainsi ?

118. Calculer la valeur d'une somme dont les 3/5 sont placés à 5 % et le reste à 4, 5 %, sachant que l'intérêt total annuel est inférieur de 151 fr. 43 au titre de rente qu'on aurait en achetant du 5 % au cours de 112,50 avec un capital de 28.800 francs. On tiendra compte des frais de courtage qui sont 1/8 % du capital, et de 1 fr. 80 de timbre.

PARTAGES PROPORTIONNELS

119. Un oncle lègue en mourant à ses trois neveux 2.700 francs de rente 3 % à condition de partager le capital en proportion du nombre de leurs enfants. La rente ayant été vendue au cours de 57 francs, on demande la part de chacun, sachant que le premier a deux enfants, le deuxième trois et le troisième quatre.

120. Un père partage sa fortune entre ses trois fils en raison inverse de leurs âges. Ils ont respectivement 7, 8 et 12 ans. L'aîné devant recevoir une somme de 37.983 francs, quelles seront les parts des deux autres ?

121. Partager 310 francs en deux parties dont le rapport soit le même que celui de $\frac{2}{3}$ à $\frac{5}{8}$.

122. Deux associés se partagent le bénéfice d'une affaire. La part du 1er qui vaut 7 fois la part du 2e la surpasse de 75.234 francs. Quelle est la part de chaque associé ?

123. Deux industriels se sont associés pour une entreprise. Le 1er en qualité de gérant a prélevé 10 $^o/_o$ sur les bénéfices ; le reste a été partagé proportionnellement aux mises et le 1er a ainsi reçu en tout 13.250 francs. Trouver quelle a été la part du 2e, en sachant que sa mise était les $\frac{3}{5}$ de celle du 1er.

124. On a partagé 27 en parties proportionnelles à 3 nombres dont les deux premiers sont 3/7 et 5/6 et on a obtenu 8 pour la 3e partie. Quel est ce 3e nombre et quelles sont les deux premières parties ?

125. Une somme de 2.100 francs doit être partagée entre trois personnes. La part de la 1er doit être les $\frac{2}{3}$ de celle de la 2e ; celle de la 2e doit être les $\frac{4}{5}$ de celle de la 3e. Combien revient-il à chaque personne ?

126. Deux marchands se sont associés et ont mis 800 francs dans un commerce qui leur a rapporté 150 francs de bénéfice. Le 1er ayant retiré, mise et bénéfice compris, 570 francs, on demande la mise de chacun et le bénéfice du second.

127. Quatre ouvriers ont fait un ouvrage de 3,239 mètres.

Le travail du 2e est les $\frac{4}{5}$ de celui du 1er ; le travail du 3e est les $\frac{2}{3}$ de celui du 2e, et le travail du 4e est les $\frac{3}{4}$ de celui du 3e. l'ouvrage total a été payé 6.724 francs. Trouver combien chaque ouvrier a fait de mètres et combien il doit recevoir.

128. Trois personnes ayant à parcourir 40 kilomètres, s'entendent avec deux autres personnes qui ont à se rendre à 22 kilomètres sur la même route, pour louer une voiture à frais communs. On leur demande pour cette voiture $20^f,50$. Quelle part de cette somme chaque personne devra-t-elle payer, en proportion des distances parcourues ?

MÉLANGES ET ALLIAGES

129. Combien faut-il mettre d'eau dans 200 litres de vin, qui coûtent 95 francs, pour qu'on puisse vendre le litre $0^f,50$, en gagnant 20 % ?

130. On a mélangé du vin à 36 francs l'hectolitre avec du vin à 27 francs. Le prix moyen est de 32 francs, et il y a 10 hectolitres de plus de la première qualité que de la seconde. Quelles sont les quantités mélangées?

131. Un cultivateur mêle du blé coûtant $26^f,50$ l'hectolitre avec du blé coûtant $29^f,05$ et il y met 2 fois plus du 2e que du 1er. A combien revient l'hectolitre du mélange ?

132. On a fait un mélange de 5 litres avec deux liquides dont les densités sont 1,25 et 0,74. Combien y a-t-il de litres de chacun dans le mélange, si sa densité est 0,95?

133. L'eau de la Méditerranée, près de Tunis, contient $0^{gr},035$ de sel par centimètre cube, et celle de l'Océan $0,^{gr}025$. Quelle quantité d'eau douce faut-il ajouter à 853 litres d'eau de la Méditerranée pour qu'elle contienne la même quantité de sel que l'eau de l'Océan ?

134. On a du vin coûtant 75 centimes le litre. Combien faut-il y ajouter d'eau par pièce de 250 litres, pour que le litre du mélange ne revienne qu'à 65 centimes?

135. L'eau de mer contient environ 2 et demi pour 100 de son poids de sel et 1 litre de cette eau pèse 1^{kg},26 grammes. Combien faut-il prendre de litres d'eau de mer pour obtenir 1 kilogramme de sel?

136. Un marchand de vin veut remplir un tonneau de 216 litres avec du vin de deux qualités, la 1re coûtant 45 centimes le litre et la 2e coûtant 52 centimes.

Combien doit-il mettre de litres de chaque qualité, pour que le litre du mélange revienne à 50 centimes?

137. Quand on mélange des volumes égaux d'eau et d'alcool, il se produit une contraction, c'est-à-dire que le volume du mélange est moindre que la somme des volumes des deux liquides qui le composent. Cela posé, on constate qu'un litre de ce mélange pèse 936 grammes; on sait, d'autre part, qu'un litre d'alcool pur pèse 79 décagrammes. On demande de calculer, à un demi-centilitre près, les volumes égaux d'eau et d'alcool qu'il faut mélanger pour avoir un hectolitre du mélange?

138. Un boulanger mélange de la farine à 60 francs les 100 kilogrammes avec d'autre farine à 44 francs les 100 kilogrammes, dans la proportion de 7 kilogrammes de la première contre 12 de la seconde. On sait que 17 kilogrammes de farine donnent 24 kilogrammes de pain. Combien faudrat-il vendre le kilogramme de pain pour réaliser un bénéfice de 6 %, les frais de fabrication étant de 4 francs pour 100 kilogrammes de pain?

139. On a une masse de cuivre de 134^{kg},85. On demande : 1° quelle quantité d'étain et de zinc il faut lui allier pour avoir le bronze des monnaies; 2° combien avec cet alliage on pourra fabriquer de pièces de monnaie de 0^f,05 et de 0^f,10 en nombre égal.

140. Combien faut-il allier de cuivre à 4^f,80 le kilogramme avec 12 kilogrammes de zinc à 2^f,50 pour que le prix moyen du kilogramme du mélange revienne à 3^f,60?

141. Déterminer le titre d'un lingot d'argent obtenu en faisant fondre ensemble 100 francs en pièces d'argent de 5 francs et 100 francs en pièces d'argent inférieures. Le titre des premières est 0,900 et celui des autres 0,835. Définir le titre.

142. On fond ensemble trois lingots d'or. Le 1er au titre de 0.927 pèse 72 kilogrammes ; le 2e au titre de 0,892 pèse 84 kilogrammes ; le 3e au titre de 0,900 pèse 100 kilogrammes. Quel est le titre du lingot ainsi obtenu?

143. Un lingot d'argent pesant 1.245 grammes est au titre de 0,800. Quel poids d'argent faut-il lui ajouter pour en élever le titre à 0,950?

144. On met dans un creuset 200 francs en pièces d'argent au titre de 0.9. Chercher quel est le poids du cuivre qu'il faut lui ajouter pour abaisser le titre à 0.835 ?

145. Un lingot d'or pesant 1.348 grammes contient 145 grammes de cuivre. On demande combien de grammes d'or pur il faut ajouter pour le mettre au titre légal des monnaies françaises et combien de pièces de 20 francs on pourra fabriquer avec ce nouveau lingot. On demande aussi de trouver le titre du lingot primitif.

146. Quand on a retiré de la circulation notre petite monnaie d'argent pour en réduire le titre, il y en avait pour 222,166.304f,25.

On demande quel poids de cuivre il eût fallu y ajouter, s'il n'y avait pas eu de perte par l'usure, pour en faire de la petite monnaie d'aujourd'hui et quelle augmentation de valeur nominale cette addition eût donnée à la somme totale.

147. Combien pourra-t-on faire de pièces de 1 franc avec 100 francs en pièces de 5 francs ?

148. Un fondeur fait un alliage de cuivre, de zinc et d'étain. Le cuivre y entre pour les $\frac{5}{8}$ du poids total ; le poids du zinc n'est que le tiers de celui du cuivre et l'étain forme le reste. En prenant pour bénéfice et frais de fabrication 8 $^0/_0$ de la valeur des métaux employés, le fondeur peut vendre cet alliage au prix de 209f.25 les 100 kilogrammes. Le zinc lui coûtant 90 centimes le kilogramme et l'étain 1f.50, trouver ce que coûtait le kilogramme de cuivre.

149. Un lingot d'or pur pèse 93^{gr},573. On le fond avec la quantité de cuivre nécessaire pour obtenir l'alliage de la monnaie. Combien pourra-t-on faire de pièces de 5 francs ? Quelle serait la longueur d'une règle de laiton ayant le même poids que l'ensemble des pièces de 5 francs, une largeur de 0^m,025 et une épaisseur de 0^m,0025 ; la densité du laiton est 8,43.

150. On fond ensemble 1.295 pièces de 5 francs en argent pour faire des pièces de 50 centimes au nouveau titre. Combien fera-t-on de ces pièces et quel poids de cuivre faudra-t-il y ajouter ?

151. On a un lingot d'or pur pesant 378 décagrammes. Quel poids de cuivre faut-il y ajouter pour que ce lingot soit au titre de 0,900, et quel est le nombre des pièces de 10 francs qu'on pourra fabriquer avec ce lingot ?

152. Un lingot d'or pesant 1^{kg},1/2 est au titre de 0,825 ; on le fond en y ajoutant l'or pur nécessaire pour l'amener au titre légal et on le convertit en monnaie. On demande : 1° la quantité d'or à ajouter ; le poids du lingot après cette addition ; la somme fabriquée en supposant que, dans la fabrication, il se perde 5/1000 de matière première.

153. Les alliages d'or et de cuivre employés dans l'orfèvrerie peuvent avoir trois titres différents : 0,920, 0,840 et 0,750. On demande quels poids de chacun des deux alliages à 0,920 et à 0,750 il faudra fondre ensemble pour obtenir un lingot au titre de 0,840 et pesant 500 grammes. On demande en outre le poids de l'or et du cuivre contenus dans ce lingot.

154. Un orfèvre a deux lingots d'or de 1,800 grammes chacun, l'un au titre de 0,920 et l'autre au titre de 0,750. Combien doit-il ajouter de grammes du 2° au 1er pour obtenir un alliage au titre de 0,840 ?

155. A un morceau d'or qui a un volume de 8 centimètres cubes on veut allier de l'argent, de telle sorte qu'un centimètre cube de l'alliage pèse 12^{gr},5. Calculer le volume de cet argent, en sachant qu'un centimètre cube d'argent pèse 10^{gr},4 et qu'un centimètre d'or pèse 19^{gr},2. On suppose d'ailleurs que le volume de l'alliage est la somme des volumes des deux métaux alliés.

PROBLÈMES DIVERS

REVISION

156. Un particulier laisse à ses héritiers les 2/3 de sa fortune. Il en donne le 1/5 aux pauvres, et il ordonne que le reste soit placé à 4 % pendant trois ans au profit du bureau de bienfaisance. Au bout de trois ans, le bureau se trouve ainsi possesseur d'une somme de 784 francs; on demande la fortune du défunt, la part des héritiers et la part des pauvres?

157. Un négociant a acheté du charbon à 48ʳ,65 les 1,000 kilogrammes. Il paye 4,540 francs de transport pour le tout, et 0ʳ,18 de droit par hectolitre. En revendant son charbon à 5ʳ,40 l'hectolitre il gagne 15 %. En admettant que le mètre cube de charbon pèse 849 kilogrammes, on demande le poids du charbon qui a été vendu.

158. Un père a 35 ans; son fils en a 10; dans combien d'années l'âge du fils sera-t-il la moitié de celui du père?

159. Une montre marque 7 heures. Trouver à quel moment la grande aiguille sera éloignée du point 12 heures du cadran de la même distance que la petite aiguille du point 6 heures.

160. Dans un terrain rectangulaire de 36 mètres sur 22ᵐ,50 payé 24.000 francs l'hectare, on a construit une maison qui a coûté 8.100 francs. Sachant que le 1/5 du prix du loyer est absorbé par les impôts et les frais d'entretien, trouver combien il faudra louer la propriété pour retirer un revenu qui représente 5 % du capital employé.

161. Deux vaisseaux partent ensemble pour la même destination, éloignée de 860 lieues de leur point de départ, et ils suivent la même route. Le premier fait 12 lieues 3/4 en 3ʰ 1/4; le second fait 25 lieues 1/2 en 6ʰ 3/4. On veut savoir la différence qui les séparera 50 heures après le départ, celui des deux qui arrivera le premier, et combien de temps il arrivera avant l'autre. Exprimer ce temps à une minute près.

162. Un négociant a placé dans le commerce une somme de 80.000 francs pendant 6 ans. Cette somme lui a donné chaque année un bénéfice égal à son vingtième. Au bout de ce temps il a retiré son capital et les bénéfices, et il a employé tout cet argent à acheter une ferme de 120^ha,75^a. 1/3 du terrain de cette ferme est en labour et le reste en herbage. Le prix de l'hectare en labour égale la moitié du prix de l'hectare en herbage. On demande : 1° Combien coûte la ferme? 2° Quel est le prix de l'are de labour? Combien vaut l'hectare de l'herbage?

163. Une montre avance de 6 minutes par jour. Elle est mise à l'heure le 1er du mois à midi. Quelle sera l'heure exacte lorsque le 7 du même mois elle indiquera 4^h37^m dans l'après-midi?

164. 7 hectares, 9 ares de vigne valent 15 hectares, 30 ares de prairie, et 28 hectares de prairie valent 62 hectares 5 ares de bois. Quel est le prix d'un hectare de bois quand l'hectare de vigne vaut 5.300 francs?

165. Des ouvriers qui travaillent ensemble sont répartis en trois groupes, dont le premier comprend 5 ouvriers de plus que le second, et 8 de plus que le troisième. Les ouvriers du premier groupe sont payés à raison de 2^f,25 par jour et par homme; ceux du deuxième, 3^f,25; ceux du troisième 4^f,25.

La totalité des salaires s'élève par jour à 144^f,75. Combien y a-t-il d'ouvriers dans chaque groupe?

166. Une compagnie industrielle fait un emprunt en obligations de 500 francs payables, soit en une seule fois, le 1er juillet, avec un escompte de 3 1/2 %, soit en trois fois, c'est-à-dire en demandant 125 francs le 1er juillet, 150 francs le 15 octobre, 225 francs le 31 janvier de l'année suivante. — Est-il plus avantageux pour une personne dont l'argent est placé à 4 1/2 %, d'adopter la combinaison des trois payements partiels que de ne faire qu'un seul payement?

167. Une montre qui avance chaque jour (24 heures) de 8 minutes et demie est réglée un jour à midi. Au bout de combien de temps marquera-t-elle l'heure exacte, si elle continue à marcher sans être réglée?

168. Je veux envoyer à un de mes amis de l'argent par la poste; j'acquitte tous les frais qui sont : 1 % sur la somme que touchera mon ami, 0^f,25 de timbre et 0^f,15 d'affranchissement de la lettre d'envoi. Je dépose 167 francs entre les mains de l'employé de la poste; quelle somme recevra mon ami?

169. Une institution où la durée des cours est de 11 mois chaque année a eu 120 élèves pendant la dernière année scolaire ; 2 de ces élèves ont fréquenté l'établissement pendant deux mois seulement ; 20 pendant 6 mois, et les autres y sont restées 11 mois. Sachant que le montant des recettes a été de 68,880 francs, on demande quel était le prix de la pension annuelle (11 mois).

170. Deux personnes se sont partagé un tas de bois de 6 mètres de long. $0^m,88$ de large et $1^m,50$ de haut. La première en a pris les 5/8 et la deuxième le reste. Combien chacune en a-t-elle eu de stères et quelle somme a-t-elle dû payer si le tas entier vaut $78^f,60$?

171. Entre deux propriétés estimées 2.425 francs l'hectare, d'un revenu de 3,25 %, existe un lambeau de terre inculte et de $16^m,25$ de long sur un mètre de large au sujet duquel ont plaidé les deux propriétaires voisins. Il en a coûté au perdant 720 francs et au gagnant 91 francs. On demande : 1° la valeur réelle de ce lambeau de terrain ; 2° combien de fois il a été porté au-dessus de sa valeur par les frais du procès ; 3° ce que coûterait l'hectare à ce taux ; 4° combien il faudra, pour couvrir les frais du procès, que le perdant consacre d'années du revenu de sa propriété qui a $160^a,75$?

172. Une construction communale est mise en adjudication au rabais. Un premier soumissionnaire offre de la faire pour la somme de 14.861 francs ; un second demande $46^f,20$ de plus que le premier, et il fait aussi un rabais de 3 % sur le montant du devis. On demande quel est le montant de ce devis, et quel rabais pour cent offrait le premier soumissionnaire.

173. On a ensemencé $3^{ha},50^a$ de terre avec $7^{hl},70^l$ de blé ; le rendement a été de 1.225 gerbes. Sachant que 100 gerbes produisent $7^{hl},5^l$ de blé, quel est le produit d'un litre de semence ? Combien faudrait-il cultiver d'hectares de terre pour récolter $345^{hl},45^l$ de blé ?

174. Une personne a acheté, une première fois, 15 kilogrammes de café et 12 kilogrammes de sucre pour 69 francs. Une autre fois, elle a acheté, aux mêmes conditions, 17 kilogrammes de café et 14 kilogrammes de sucre pour 79 francs. Quels sont les prix du kilogramme de café et du kilogramme de sucre ?

175. La descente d'une montagne se fait ordinairement dans les 0,73 du temps employé à l'ascension. Une personne est descendue en $3^h57^m12^s$ de l'hospice du mont Saint-Bernard. L'ascension s'est faite en 7 minutes par 53 mètres. A quelle hauteur est situé l'hospice ?

176. En revendant un terrain de 2^{ha},31 pour 117,130 francs, on a gagné 6 $^0/_0$ sur le prix d'achat. On demande : 1° combien on avait payé le mètre carré de ce terrain; 2° combien de mètres cubes de froment produirait ce terrain mis en culture à raison de 17 litres par are.

177. La farine de froment absorbe 58 $^0/_0$ d'eau pendant le pétrissage; pendant la cuisson, une partie de cette eau s'évapore, de telle sorte que 118 kilogrammes de pâte fournissent 100 kilogrammes de pain. Combien le boulanger peut-il retirer de pains de 3 kilogrammes d'un sac de farine pesant 125 kilogrammes?

178. Un propriétaire convertit en pâture 3 hectares de terre arable qui lui rapportaient 110 francs par hectare, soit 5 $^0/_0$ de prix d'achat. Cette transformation lui coûte 12^f,50 l'are. Quelle est la valeur de la propriété ainsi transformée? Si le revenu annuel est de 950 francs, combien cette propriété lui rapporté-t-elle pour cent?

179. On achète trois pièces d'étoffe de même qualité pour une somme totale de 1.931^f,37. La première a 12 mètres de plus que la seconde, la seconde a 45^m,75 de plus que la troisième; celle-ci coûte 270^f,50. Quelle est la longueur de chaque pièce?

180. Un négociant a acheté 12 pièces de drap de chacune 40 mètres, à raison de 11 francs le mètre, et il veut faire, en revendant le tout, un bénéfice de 20 $^0/_0$ sur le prix d'achat. Il en a déjà revendu 230 mètres à 12^f,50 le mètre. Combien doit-il vendre le mètre de ce qui reste, pour arriver à réaliser les 20 $^0/_0$ de bénéfice total, et quel sera le bénéfice pour cent sur le prix de vente?

181. La distance de Paris à Bordeaux est de 578 kilomètres. Un train express part de Paris à 9^h30 du matin et arrive à Bordeaux à 10^h34^m du soir. On demande quelle est la vitesse moyenne de ce train et à quelle heure arrivera à Bordeaux le train rapide qui part de Paris 3/4 d'heure avant le précédent et dont la vitesse moyenne surpasse celle de l'autre de 19^{km},064 par heure.

182. Un particulier répand uniformément dans une cour de forme rectangulaire une couche de sable de 3 centimètres d'épaisseur, au prix de 4^f,50 le mètre cube. Sachant que la dépense s'est élevée à 136^f,89 et que la largeur de la cour est exactement les 2/3 de la longueur, on demande les deux dimensions de cette cour.

183. Un petit marchand achète, à 9 francs la douzaine, des objets qu'il reviend en détail 0^f,90 la pièce. En outre, on lui fait une remise de 5 % sur le prix d'achat et on lui donne le 1/13 par dessus la douzaine. Quel est le bénéfice de ce trafiquant sur la vente de chaque objet ?

184. Un père marche avec son jeune fils ; le fils est obligé de faire 5 pas pendant que son père en fait 4. Au bout de 2^{km},700, le fils a fait 1,000 pas de plus que le père ; dites, en millimètres, la longueur d'un pas du père et la longueur d'un pas du fils.

185. Trois associés ont consacré à une entreprise des capitaux différents ; le premier a mis 16.832 francs ; le second 10.625 francs ; celui-ci a apporté, outre sa mise, un brevet qui lui donne droit, d'après l'acte de société, au prélèvement de de 8,5 % sur les bénéfices, avant leur partage.

Au moment de la liquidation, le premier associé reçoit 1,854^f,25 et le troisième 2.524^f,25. On demande : 1° le montant du capital engagé par le troisième associé ; 2° le montant des sommes qui reviennent au deuxième associé pour sa mise et son brevet ; 3° le bénéfice total de la société.

186. Un aubergiste a acheté un certain nombre de litres de vin. Il les revend au détail à 0^f,60 le litre, en faisant un bénéfice de 20 %. Sachant que le prix de vente de 15 litres représente les 3/40 du prix de tous les litres. On demande : 1° Quel était le prix d'achat du litre? 2° Combien de litres l'aubergiste avait achetés.

187. Au moment où un propriétaire se dispose à vendre son blé et son vin, il survient une baisse de 6 francs par hectolitre sur le prix du vin et une hausse de 2^f,50 sur le prix du blé. S'il vendait tout, les nouvelles conditions du marché lui feraient perdre 300 francs. Il vend la totalité du blé, mais seulement les 2/3 du vin, et retire de cette vente ce qu'il en aurait retiré aux anciennes conditions. Combien avait-il de blé et de vin à vendre ?

188. Deux trains de chemin de chemin de fer font le trajet de Paris à Lyon, l'un en $8^h 50^m$; l'autre en 18 heures. — Le premier fait $29^{km}317$ à l'heure de plus que le second. Calculer à un kilomètre près la distance de Paris à Lyon.

189 Un métallurgiste, qui établit ses prix de vente sur un bénéfice de 8 %, vend la tonne de fer 266 francs. Il emploie dans son usine un minerai qui renferme 70 % de fer ; mais le traitement de ce minerai entraîne un déchet de 4 % du fer qu'il contient.

Combien ce métallurgiste a-t-il traité de tonnes de minerai dans une année où il a gagné $28.600^f,32$?

190. Un boulanger mélange de la farine à 60 francs les 100 kilogrammes avec d'autre farine à 44 francs les 100 kilogrammes, dans la portion de 7 kilogrammes de la première sur 12 de la seconde. On sait que 17 kilogrammes de farine donnent 21 kilogrammes de pain. Combien faudra-t-il vendre le kilogramme de pain pour réaliser un bénéfice de 6 %, les frais de fabrication étant de 4 francs pour 100 kilogrammes de pain ?

191. Un sol renferme 75 % d'argile ; on veut qu'il n'en contienne plus que 70 % dans une couche superficielle de $0^m,1$ de profondeur, et pour cela on se propose d'y ajouter une terre légère qui n'en renferme que 25 %. Combien faudra-t-il transporter de mètres cubes de cette terre, par hectare du sol à amender ?

Chaque mètre cube transporté revient à $3^f 50$; la récolte représentait, dans le premier sol d'une valeur de 1.100 francs l'hectare, un revenu de $1^f,50$ % du capital d'acquisition du terrain. La valeur de la récolte a quintuplé. Y a-t-il avantage à amender le sol, et combien rapporte-t-il actuellement pour 100 du capital engagé.

SUPPLÉMENT

DIVISIBILITÉ PAR 11

Théorème. — **Un nombre est divisible par 11 lorsque la différence entre la somme de ses chiffres de rang impair et celle de ses chiffres de rang pair est 0 ou un multiple de 11.**

On remarquera d'abord que :

$$10 = 11 - 1 \qquad , \qquad 100 = (11 \times 9) + 1 = m.11 + 1$$
$$1000 = (11 \times 91) - 1 = m.11 - 1 \, , \, 10000 = (11 \times 909) + 1 = m.11 + 1$$

L'unité suivie d'un nombre impair de 0 est un multiple de 11 moins cette unité; l'unité suivie d'un nombre pair de 0 est un multiple de 11 plus cette unité.

On verrait de même que tout chiffre significatif suivi de zéros est un multiple de 11 plus ou moins ce chiffre significatif; selon que le nombre des zéros est pair ou impair.

$$30 = 10 \times 3 = m.11 - 3 \quad , \quad 500 = 5 \times 100 = m.11 + 5 ;$$
$$7000 = 1000 \times 7 = m.11 - 7, \text{ etc.}$$

Soit le nombre :

$$62.854$$

On peut écrire :

$$64\,864 = 60\,000 + 4\,000 + 800 + 60 + 4$$
$$60\,000 = m.\,11 + 6$$
$$2\,000 = m.\,11 - 2$$
$$800 = m.\,11 + 8$$
$$50 = m.\,11 - 5$$
$$4 = \qquad 4$$
$$64\,864 = m.\,11 + (6 - 2 + 8 - 5 + 4)$$
$$64\,864 = m.\,11 + [(6 + 8 + 4) - (2 + 5)].$$

Chiffres de rang   Chiffres de rang
impair.   pair.

La première partie de la somme est divisible par 11;

Pour que la somme 64.864 soit divisible par 11, il faut que la deuxième partie de la somme : $[(6+8+4)-(2+5)]$ soit divisible par 11.

Et cette seconde partie est précisément formée de la somme des chiffres de rang impair diminuée de la somme des chiffres de rang pair.

THÉORIE DE LA RACINE CARRÉE

1° Nous avons vu (page 63) comment on pouvait extraire la racine carrée d'un nombre inférieur à 100; il suffit de connaître la table de multiplication.

2° Le nombre donné est plus grand que 100 mais plus petit que 10.000.

La racine carrée d'un tel nombre sera plus grande que 10 mais plus petite que 100; elle aura donc 2 chiffres.

En effet $\qquad 10^2 = 100 \quad$ et $\quad 100^2 = 10.000.$

Cette racine contenant des dizaines et des unités, son carré sera le carré de la somme de 2 nombres : dizaines et unités.

Or le carré d'un nombre formé de dizaines et d'unités renferme :

1° *Le carré des dizaines;*

2° *Le double produit des dizaines par les unités;*

3° *Le carré des unités.*

Et, si pour abréger nous appelons d le chiffre des dizaines d'une racine et u le chiffre de ses unités, on aura :

$$(d+u)^2 = d^2 + 2\,du + u^2$$

Exemple. — Soit à extraire la racine carrée de 7245.

Sa racine sera comprise entre 10 et 100; elle contiendra

donc un chiffre de dizaines (d) et un chiffre d'unités (u). Ce sont ces 2 chiffres qu'il s'agit de trouver.

$$
\begin{array}{rcl|l}
d^2 + 2\,du + u^2 + \text{R} &=& 72.15 & du \\
2\,du + u^2 + \text{R} &=& 81.5 & 84 \\
\text{R} &=& 159 & \overline{164 \times 4 = 656} \\
& & & (2\,d + u)u = 2\,du + u^2.
\end{array}
$$

Le carré des dizaines (d^2) ne pouvant être qu'un nombre de centaines se trouvera dans les 72 centaines du nombre donné.

Je sépare donc par un point les centaines de 7215, et j'extrais la racine carré de 72. Je trouve ainsi 8 qui est le chiffre exact des dizaines (d).

Si je retranche le carré de 8 dizaines (d^2) de 7215 il me restera 815 qui ne renferme plus que :

(2) Le double produit des dizaines par les unités.

(3) Le carré des unités; et peut-être un reste (R).

Or le double produit des dizaines par les unités $(2\,du)$ est un nombre de dizaines qui sera contenu dans les dizaines du premier reste 815, je sépare ces dizaines par un point.

Mais 81 dizaines ne contiennent peut-être pas seulement les dizaines qui proviennent du double produit des dizaines par les unités, elles peuvent contenir en outre des dizaines qui proviennent du carré des unités et celles du reste. Alors en divisant 81 dizaines par le double 16 des dizaines de la racine $(2\,d)$ on trouvera ou le chiffre des unités (u) ou un chiffre trop fort :

$$81 : 16 \text{ donne } 5 \text{ pour quotient.}$$

Pour vérifier ce chiffre 5 on le place à côté de 16 $(2\,d)$ et on multiplie le nombre 165 $(2\,d + u)$ par 5 (u) on obtient ainsi le double produit des dizaines par les unités, plus le carré des unités $(2\,du + u^2)$; si cette somme ne peut pas se retrancher de 815 c'est que 5 (u) est trop fort, on essaye 4. Dans ce cas $2\,du + u^2 = 656$ qu'on peut retrancher de 815; 4 est le chiffre des unités.

La racine carrée de 7215 est donc 84; elle donne 159 pour reste.

3° Le nombre donné est plus grand que 10.000.

Soit à extraire la racine carrée de 6423047.

$$
\begin{array}{l|l}
6.4\ 2.3\ 0.4\ 7 & 2534 \\
24.2 & \overline{45 \times 5} \\
1\ 7\ 3.0 & \overline{503 \times 3} \\
2\ 2\ 1\ 4.7 & \overline{5064 \times 4} \\
1\ 8\ 9\ 1 &
\end{array}
$$

Le carré des dizaines de la racine est contenu dans les centaines du nombre proposé 6423047. Je sépare ses centaines par un point. Si j'extrais la racine de 64230 j'aurai les dizaines de la racine.

6.

Mais 64230 étant plus grand que 100 aura une racine plus grande que 10. Le carré de ces dernières dizaines sera contenu dans les centaines de 64230; je les sépare par un point. Il restera à extraire la racine de 642, opération qu'on sait faire.

La racine carrée de 642 est 25.

Ce nombre 25 peut être considéré comme étant les dizaines de la racine du nombre 642.30 et le nombre 22147 ne doit plus contenir que les deux autres parties du carré, et le reste s'il y en a un.

En cherchant, comme il est indiqué plus haut (2°) le chiffre des unités de cette racine on trouve 3.

La racine carrée de 6.42.30 est 253.

Mais on doit, cette fois, considérer le nombre 253 comme étant les dizaines de la racine du nombre 6.42.30.47. Il ne reste plus à chercher que le chiffre de ses unités par le procédé connu; ce chiffre est 4. La racine carrée de 6423047 est 2534.

De cette théorie on tire la règle indiquée dans le cours.

CUBE ET RACINE CUBIQUE DES NOMBRES

On appelle cube d'un nombre le produit de 3 facteurs égaux à ce nombre.

Ainsi le cube de 6 est $6 \times 6 \times 6 = 216$.

Les cubes de :

1 ; 2 ; 3 ; 4 ; 5 ; 6 ; 7 ; 8 ; 9 ; 10
sont

1 ; 8 ; 27 ; 64 ; 125 ; 216 ; 343 ; 512 ; 729 ; 1000.

La *racine cubique* d'un nombre est un nombre dont le cube reproduit le nombre proposé.

Ainsi $\sqrt[3]{343} = 7$.

Théorème. — Le cube de la somme de deux nombres se compose de quatre parties :

1° *Le cube du premier nombre;*

2° *Le triple produit du carré du premier par le second nombre;*

3° *Le triple produit du premier par le carré du second ;*
4° *Le cube du second.*

Alors tout nombre plus grand que 100, qui évidemment contient des dizaines (d) et des unités (u) aura son cube exprimé comme il suit :

$$(d + u)^3 = d^3 + 3\,d^2\,u + 3\,d\,u^2 + u^3$$

1° Soit à extraire la racine cubique d'un nombre inférieur à 1000 ; par exemple 270.

Ce nombre étant plus petit que 1000 aura une racine cubique moindre que 10 ; il suffit, pour trouver celle-ci, de chercher dans la table des cubes des dix premiers nombres, le cube qui se rapproche le plus, en moins, de 270 ; c'est 216 dont la racine est 6.

$\sqrt[3]{270} = 6$ à moins d'une unité près ; car sa racine est comprise entre 6 et 7.

2° Le nombre donné est plus grand que 1.000 mais plus petit que 1.000.000, soit 63849.

Puisque ce nombre est plus grand que 1000, sa racine cubique est plus grande que 10 ; elle contient donc des dizaines et des unités dont le cube sera composé de :
1° Le cube des dizaines. d^3 ;
2° Le triple produit du carré des dizaines par les unités, $3\,d^2u$;
3° Le triple produit des dizaines par le carré des unités, $3\,du^2$;
4° Le cube des unités, u^3 ;
5° Et un reste probable R.

$$
\begin{array}{rl|l}
 & \qquad\qquad\quad du & \\
d^3 + 3d^2u + 3du^2 + u^3 + \mathrm{R} = 63.8\ 49 & 39 & \\
\hphantom{d^3 + 3d^2u + 3du^2}\ d^3 \qquad\quad 27 & 3 \times 3^2 = 27 = & 3d^2 \\
\hline
3d^2u + 3du^2 + u^3 + \mathrm{R} = \quad 36\ 8.49 & 3 \times 30^2 \qquad = 2700 = 3d^2 \\
\qquad\qquad\qquad\qquad 32\ 3\ 49 & 3 \times 30 \times 9 = \ 810 = 3du \\
\hline
\qquad\qquad\ \mathrm{R} \qquad\quad 4\ 5\ 30 & 9^2 \qquad\qquad = \ 81 = u^2 \\
\end{array}
$$

$$\overline{3591} \times 9 = 32319$$

$$(3d^2 + 3du + u^2) \times u$$

d^3 étant un nombre de mille ne peut se trouver que dans le 63 mille du nombre donné. Je sépare les mille par un point. En extrayant la racine cubique de 63 j'aurai le chiffre des dizaines de la racine : c'est 3 ; si je retranche 27 mille, le cube de 3 dizaines, du nombre proposé 63849 il restera 36849 qui renferme encore :

2° $3\,d^2u$.

3° $3\,du^2$.

4° u^3.

5° R.

Mais $3\,d^2u$ étant le produit d'un nombre de centaines par des unités donnera un nombre de centaines qui doit être contenu dans les 368 centaines du reste 36849. Je sépare ces centaines par un point.

Mais ces 368 centaines peuvent contenir des centaines qui proviendraient des 3 dernières parties 3°, 4°, 5°. De sorte qu'en divisant 368 centaines par $3\,d^2$ ou 27 centaines on trouvera le chiffre des unités ou un chiffre trop fort. Le quotient est 9.

Pour l'essayer on peut employer deux méthodes :

1° Faire le cube de 39 et voir s'il peut être retranché de 63849 ; mais ce procédé est plus long et ne permet pas de profiter des calculs déjà effectués.

2° Comme on a déjà retranché d^3 du nombre donné, il suffit de retrancher du reste 36849 les 3 autres parties :

$$3\,d^2u + 3\,du^2 + u^3 \text{ ou plus simplement :}$$
$$(3d^2 + 3\,du + u^2)u$$

soit
$$\binom{3 \times 30^2 + 3 \times 30 \times 9 + 9^2}{2700 \quad + \quad 810 \quad + 81}\, 9 = 32319$$

Si 32319 peut être soustrait de 36849, c'est que 9 est le chiffre des unités. Si 9 essayé avait fourni une somme supérieure à 36849 il eût fallu essayer 8, etc.

$$\sqrt[3]{63849} = 39 \text{ à moins d'une unité près.}$$

3° Le nombre proposé est plus grand que 1.000.000, soit 76.928.432.701.

Le cube des dizaines de la racine doit être contenu dans les mille de 76928432701. Je sépare ces mille par un point, et

76.9 28.4 32.7 01	4253		
64			
12 9.28	$4^3 \times 3 = 48$	$42^2 \times 3 = 5292$	$425^2 \times 3 = 541875$
10 0 88	$3 \times 40^2 = 4800$	$3 \times 420^2 = 529200$	$3 \times 4250^2 = 54187500$
2 8 40 4.32	$3 \times 40 \times 2 = 240$	$3 \times 420 \times 5 = 6300$	$3 \times 4250 \times 3 = 38250$
2 6 77 6 25	$2^2 = 4$	$5^2 = 25$	$3^2 = 9$
1 62 8 07 7.01	5044	535525	54225759
1 62 6 77 2 77	$\times 2$	$\times 5$	$\times 3$
1 30 4 24	10088	2677625	162677277

en extrayant la racine cubique de 76.928.432 je devrais trouver les dizaines de la racine.

Mais 76928432 étant encore plus grand que 1000 aura une racine composée de dizaines et d'unités.

Le cube de ces dernières dizaines sera contenu dans les mille de 76928432; je les sépare par un point.

Il restera à extraire la racine cubique de 76928, opération indiquée au 2°.

La racine cubique de 76928 est 42, nombre qui représente les dizaines de la racine de 76928432 et la différence 2840432 ne contient plus que les 4 dernières parties du cube, en comptant le reste.

En cherchant le chiffre des unités de cette racine on trouve 5.

La racine cubique de 76928432 est 425. Mais ce nombre 425 peut être considéré comme représentant les dizaines de la racine du nombre 76928432701.

La recherche du chiffre de ses unités nous donne 3,

d'où $\sqrt[3]{76928432701} = 4253$ à moins de une unité près.

Règle. — *Pour extraire la racine cubique d'un nombre, il faut le partager en tranches de 3 chiffres à partir de la droite (la première tranche à gauche peut n'avoir qu'un ou 2 chiffres.) On extrait la racine cubique de la dernière tranche, ce qui fournit le chiffre des plus hautes unités de la racine; on soustrait le cube de ce chiffre de la dernière tranche.*

A la droite du reste on abaisse la tranche suivante, on sépare ses 2 premiers chiffres de droite et on divise la partie gauche par le triple carré de la racine obtenue; le quotient est le second chiffre de la racine ou un chiffre trop fort.

Pour l'essayer on forme les 3 autres parties du cube et leur somme doit pouvoir être retranchée du premier reste suivi de la 2ᵉ tranche.

A la droite du nouveau reste on abaisse la 3ᵉ tranche, on sépare ses centaines par un point et on les divise par le triple carré de la racine composée maintenant de 2 chiffres; le quotient est le troisième chiffre de la racine qu'on essaye comme il est indiqué plus haut.

On continue ainsi jusqu'à ce qu'on ait abaissé et employé toutes les tranches du nombre donné.

Remarque I. — *On reconnaît qu'un chiffre placé à la racine est trop faible lorsque le reste surpassera 3 fois le carré de la racine trouvée, plus 3 fois cette racine.*

Remarque II. — *On trouve autant de chiffres à la racine qu'il y a de tranches dans le nombre proposé.*

Racine cubique d'un nombre décimal.

Pour extraire la racine cubique d'un nombre décimal, on commence par ajouter à sa droite un ou deux zéros, afin d'avoir un nombre de chiffres décimaux multiple de 3. On continue l'opération comme si le nombre était entier, puis à la racine on sépare par une virgule la partie entière de celle qui doit être décimale, en se rappelant que chaque tranche fournit un chiffre à la racine.

Exemple :

$$\sqrt[3]{76928,4327} = \sqrt[3]{76928,.432.700} = 42,53.$$

Cube et racine cubique d'une fraction.

Pour élever une fraction au cube, on doit élever chacun de ses deux termes au cube.

En effet

$$\left(\frac{3}{4}\right)^3 = \frac{3}{4} \times \frac{3}{4} \times \frac{3}{4} = \frac{3^3}{4^3} = \frac{27}{64}.$$

Il est alors évident que pour extraire la racine cubique d'une fraction on pourra extraire la racine cubique de ses deux termes.

Ainsi
$$\sqrt[3]{\frac{27}{64}} = \frac{\sqrt[3]{27}}{\sqrt[3]{64}} = \frac{3}{4}.$$

On peut aussi convertir la fraction ordinaire en fraction décimale et extraire la racine cubique de cette dernière.

Racine cubique d'un nombre à moins d'une fraction décimale.

Si l'on veut extraire la racine cubique d'un nombre à moins d'un centième près, par exemple, comme la racine doit contenir deux chiffres décimaux, on devra ajouter à la suite du nombre proposé deux tranches de trois zéros qu'on considérera comme chiffres décimaux. On effectuera comme il est indiqué pour les nombres décimaux.

Ainsi soit à extraire :

$$\sqrt[3]{3542} \quad \text{à } 0,01 \text{ près.}$$

On disposera l'opération comme si l'on avait :

$$\sqrt[3]{3542,000.000}.$$

Preuve.

Pour faire la preuve de l'opération, on fait le cube de la racine trouvée auquel on ajoute le reste : on doit retrouver le nombre proposé.

FIN.

TABLE DES MATIÈRES

FIN DE LA TABLE

Sceaux. — Imp. Charaire et fils.